中国高等教育"十三五"规划教材

中文版 3ds Max
灯光渲染案例高级教程

肖著强　刘莉莉　柳瑞波 / 主编　　汪洋　邱敏　李婷 / 副主编

中国青年出版社
CHINA YOUTH PRESS　　中青雄狮

侵权举报电话

全国"扫黄打非"工作小组办公室　　　　中国青年出版社
010-65233456 65212870　　　　　　　010-50856028
http://www.shdf.gov.cn　　　　　　　　E-mail: editor@cypmedia.com

图书在版编目（CIP）数据

中文版3ds Max灯光渲染案例高级教程 / 肖著强, 刘莉莉, 柳瑞波主编.
— 北京: 中国青年出版社, 2016.6
ISBN 978-7-5153-4255-9
I.①中… Ⅱ.①肖… ②刘… ③柳… Ⅲ.①三维动画软件–教材
Ⅳ. ①TP391.41
中国版本图书馆CIP数据核字（2016）第145794号

中文版3ds Max灯光渲染案例高级教程

肖著强　刘莉莉　柳瑞波　**主编**
汪洋　邱敏　李婷　**副主编**

出版发行　中国青年出版社
地　　址：北京市东四十二条21号
邮政编码：100708
电　　话：（010）50856188 / 50856199
传　　真：（010）50856111
企　　划：北京中青雄狮数码传媒科技有限公司

策划编辑：张　鹏
责任编辑：刘冰冰
封面制作：吴艳蜂

印　　刷：山东省高唐印刷有限责任公司
开　　本：787×1092　1/16
印　　张：10.5
版　　次：2016年6月北京第1版
印　　次：2016年6月第1次印刷
书　　号：ISBN 978-7-5153-4255-9
定　　价：49.90元（网盘下载内容含语音视频教学与案例素材文件及PPT课件）

本书如有印装质量等问题，请与本社联系　电话：（010）50856188 / 50856199
读者来信：reader@cypmedia.com
如有其他问题请访问我们的网站：http://www.cypmedia.com.cn

PREFACE

前言

随着3ds Max软件的不断升级，其功能也越来越强大，利用该软件不仅可以设计出绝大多数建筑模型，还可以制作出具有仿真效果的图片。为了帮助读者能够在短时间内掌握灯光与渲染的应用知识，我们组织一批富有经验的一线教师和设计人员共同编写了本书，其目的是让读者所学即所用，以达到一定的职业技能水平。

本书以最新的设计软件3ds Max 2016为写作基础，围绕室内模型场景灯光的设置展开介绍，以"理论+实例"的形式对3ds Max灯光和渲染器的应用知识进行了全面的阐述，突出强调知识点的实际应用性。书中每一个模型的制作均给出了详细的操作步骤，同时还贯穿了作者在实际工作中得出的实战技巧和经验。

全书共9章，各章的主要内容介绍如下：

章　节	内　容
Chapter 01	介绍了与效果图相关的光影知识，包括自然光源、室内光源以及人造光源
Chapter 02	介绍了3ds Max自带的光源系统，包括标准灯光、光度学灯光、光域网等
Chapter 03	介绍了VRay渲染器的灯光知识，包括VR-灯光、VR-太阳、VRay-IES等
Chapter 04	介绍了摄影机的应用技术，包括标准摄影机、VRay摄影机
Chapter 05	介绍了渲染器的应用知识，在这里重点介绍了VRay渲染器的设置与应用技巧
Chapter 06	介绍了日光效果的表现，主要讲解了摄影机的创建、室内外光源的创建以及渲染参数的设置等
Chapter 07	介绍了夜晚效果的表现，主要讲解了吊灯、灯带、射灯、台灯、壁灯等场景灯光的设置
Chapter 08	介绍了封闭空间的表现，主要讲解了利用白膜检查模型，以及筒灯、灯带及补光的设置
Chapter 09	介绍了黄昏效果的表现，主要讲解了室外太阳光源、室外补光及部分室内光源的设置

本书内容知识结构安排合理，语言组织通俗易懂，在讲解每一个知识点时，附以实际应用案例进行说明。正文中还穿插介绍了很多细小的知识点，均以"知识链接"和"专家技巧"栏目体现。此外，附赠的网盘下载地址中记录了典型案例的教学视频，以供读者模仿学习。本书既可作为了解3ds Max各项功能和最新特性的应用指南，又可作为提高用户设计和创新能力的指导。

本书适用于以下读者：

- 室内效果设计人员
- 室内效果图制作人员与学者
- 室内装修、装饰设计人员
- 装饰装潢培训班学员与大中专院校相关专业师生

下载地址：
https://yunpan.cn/cSLEEdcbeYMBD
访问密码：f980

本书在编写和案例制作过程中力求严谨细致，但由于水平和时间有限，疏漏之处在所难免，望广大读者批评指正。

编　者

CONTENTS
目 录

VRay光源知识

摄影机技术

渲染参数设置

日光效果表现实例

夜晚效果表现实例

封闭空间表现实例

黄昏效果表现实例

附 录

01

光影解析

本章将对光影知识进行阐述，这部分内容看似简单，但对效果图的表现起到了决定性的作用。换句话说，只有熟悉真实物理世界的光影关系，才能将效果图表现得更加合理，也只有站在这一基础上才能设计出更优秀的效果图。本章将重点对自然光源、室内光源及人造光源等内容进行讲解。

知识要点

① 自然光源
② 室内光源
③ 人造光源

上机安排

学习内容	学习时间
● 尝试使用光源系统	25分钟
● 查看各种时刻的摄影作品	20分钟

1.1 认识光

　　太阳能够发光，在真实物理世界中，太阳是个很大的球体，但是它离地球很远，所以发出的光到达地球后，都近似于平行光，但是就因为它实际上不是平行光，所以地球上的物体在阳光的照射下会产生虚边，而这个虚边也可以近似地计算出来，即（太阳的半径/太阳到地球的距离）×物体在地球上的投影距离≈0.00465×物体在地球上的投影距离。从这个计算公式可以得出，一个身高170cm的人，在太阳照射夹角为45°的时候，他头部产生的阴影虚边大约应该为1.1cm。根据这个科学依据，我们就可以使用VRay的球光来模拟真实物理世界中的阳光，控制好VRay球光的半径和它到场景的距离就能产生真实物理世界中的真实阴影。

　　那为什么天光在白天的大多数时间是蓝色，而在早晨和黄昏又不一样呢？大气本身是无色的，天空的蓝色是大气分子、冰晶、水滴等和阳光共同作用而产生的景象，太阳发出的白光是由紫、青、蓝、绿、黄、橙、红光组成的，它们波长依次增加，当阳光进入大气层时，波长较长的色光（如红光）透射力强，能透过大气射向地面；而波长短的紫、蓝、青色光，碰到大气分子、冰晶、水滴等时，就很容易发生散射现象，被散射了的紫、蓝、青色光布满天空，就使天空呈现出一片蔚蓝，如下左图所示。

　　夜晚，我们可以看到闪烁的星光与皎洁的月光，如下右图所示。

　　除此之外，许多动物也可以发光。在夏天的夜晚，草丛中常会有淡淡的绿色在闪烁，这是萤火虫发出的光，如下左图所示。在海底深处，灯笼鱼、斧头鱼、水母等也可以发出幽幽的光，如下右图所示。

1.2 自然光源

所谓自然光，就是除人造光以外的光。在我们生活的世界里，主要的自然光就是太阳，它给大自然带来了丰富美丽的变化，让我们看到了日出、日落，感受到了冷暖。本节中将会详细介绍不同时刻和天气的光影关系。

1.2.1 中午

在一天中，当太阳的照射角度大约为90°的时候就是中午，这时的太阳光直射是最强的，对比也是最大的，阴影也比较黑，相比其他时刻，中午的阴影的层次变化也要少一点。在强烈的光照下，物体的饱和度看起来会比其他时刻低一些，而小的阴影细节变化却不丰富。因此，选择中午时刻来表现效果图会比其他时刻的表现力度和画面层次要弱一些。从右图中可以看出，这是个中午时刻的画面，画面的对比很强烈，暗部阴影比较黑，而变化层次相对较少。

1.2.2 黄昏

黄昏在一天中是非常特别的，经常给人们带来美丽的景象。当太阳落山的时候，天空中的主要光源就是天光，而天光的光线比较柔和，它给我们带来了一个柔和的阴影和一个比较低的对比度，同时色彩也变得更加丰富。

当发自地平线以下的太阳光被一些山岭或云块阻挡时，天空中就会分割出一条条的阴影，形成一道道深蓝色的光带，这些光带好像是从地平线下的某一点（即太阳所在的位置）发出，以辐射状指向苍穹，有时还会延伸到太阳相对的天空，呈现出万道霞光的壮丽景象。给只有色阶变化的天空增添一些富有美感的光影线条，人们把这种现象叫做曙暮晖线，如下左图所示，从该图中可以看到太阳被云层压住，阳光从云的下面照射出来，给我们呈现出美丽的景象。

在黄昏的自然环境下，如果有室内的黄色或者橙色的灯光对比，整体的画面会让人感觉到无比的美丽与和谐，所以黄昏时刻的光影关系也比较适合表现效果图。从下右图中可以看出，此时太阳附近的天空呈现红色，而附近的云呈现蓝紫色，由于太阳已经落山，光线不强，被大气散射产生的天光亮度也随着降低，阴影部分变暗了很多，同时整个画面的饱和度也增加了。

1.2.3 夜晚

在晚上的时候，虽然太阳已经落山，但是天光本身仍然是个光源，只是比较弱而已，它的光主要来源于被大气散射的阳光、月光，还有遥远的星光。所以大家要注意，晚上的表现效果仍然有天光的存在，只是比较弱。下左图表现的是夜幕降临时的一个画面，由于太阳早已落山，这时候天光起主要作用，仔细观察屋顶，它们都呈现蓝色。

而从下右图可以看出，整个天光比较弱，呈现蓝紫色，月光明亮而柔和。

1.2.4 阴天

阴天的光线变化多样，这主要取决于云层的厚度和高度。可能和大家平常的看法有点不一样，其实阴天也能得到一个美丽的画面，阴天时在整个天空中就只有一个光源，它是被大气和云层散射的光，所以光线和阴影都比较柔和，对比度比较低，色彩的饱和度比较高。

阴天里天光的色彩主要取决于太阳的高度（虽然是阴天，但太阳还是躲在云层后面的）。通过观察和一些资料分析，在太阳高度比较高的情况下，阴天的天光主要呈现出灰白色，而当太阳的高度比较低，特别是快落山的时候，天光的色彩就发生了变化，这时候的天光呈现蓝色。从下左图中可以看出阴天的特点，即阴影柔和，对比度低，而饱和度高。

在太阳照射角度比较高的情况下的阴天，整个天光呈现的是灰白色，如下右图所示。

1.3 室内光源和人造光源

　　室内光和人造光是为了弥补在没有太阳光直照的情况下光照不充分而设置的，比如阴天和晚上就需要人造光来弥补光照。同时，人造光也是人们有目的地去创造的，例如一般的家庭照明是为了满足人们的生活需要，而办公室照明则是为了让人们更好地工作。

1.3.1 窗户采光

　　窗户采光就是室外天光通过窗户照射到室内的光，窗户采光都是比较柔和的，因为窗户面积比较大（注意，在同等亮度下，光源面积越大，产生的光影越柔和）。在只有一个小窗口的情况下，虽然光影比较柔和，但是却能产生高对比的光影，这从视觉上来说都是比较有吸引力的。在大窗口或者多窗口的情况下，这种对比就减弱了。在不同天气状况下，窗户采光的颜色也是不一样的。如果在阴天，窗户光将是白色、灰色，或者是淡蓝色；在晴天，又将变成蓝色或者是白色。窗户光一旦进入室内，它首先照射到窗户附近的地板、墙面和天花板上，然后通过它们再反弹到家具上，如果反弹比较强烈，就会产生辐射现象，让整个室内的色彩有丰富的变化。

　　下左图展示的是小窗户的采光情况，我们可以看到，由于窗户比较小，所以暗部比较暗，整个图的对比相对比较强烈，而光影却比较柔和。

　　下右图所示为大窗户的采光情况，可以看到大窗户和小窗户采光的不同，在大窗户的采光环境下，整个画面的对比较弱，并且由于窗户进光口大，所以暗部也不是那么的暗。

1.3.2 灯具照明

　　灯具照明包括住宅照明和商业照明两种。

1. 住宅照明

　　住宅照明常用的钨灯，也就是大家平常所见的白炽灯，它是根据热辐射原理制成的，钨丝达到炽热状态，让电能转化为可见光，随着温度的增加，光的颜色也会逐渐发生变化。

　　通常情况下，白炽灯产生的光影都比较硬，人们为了得到一个柔和的光影，都会通过灯罩来改变白炽灯的光影，让它变得更柔和，比如台灯的灯罩。

　　从下左图可以看出，在白炽灯的照明下，高亮的区域呈现接近白色的颜色，随着亮度的衰减，色彩慢慢地变成了红色，最后变为黄色。

　　下右图所示为加上灯罩的白炽灯，光影要柔和很多，看上去就不那么刺眼了。

2. 商业照明

和住宅照明不一样，商业照明主要用于营造一种气氛和心情，设计师会根据不同的目的来营造不同的光照气氛。

餐厅室内照明把气氛的营造放在第一位，凡比较讲究的餐馆，大厅多安装吊灯，无论是用高级水晶灯还是用吸顶灯，都使餐厅感觉高雅和气派，但其造价确实可观。而大多数中小餐馆均以安装组合日光灯为宜，既经济又耐用，光线柔和适中，使顾客用餐时感到舒适。另外，室内灯光的明暗强弱也会对就餐顾客有着不同的影响，一般在光线较为昏暗的地方用餐，会使人没有精神，并使就餐时间加长；而光线明亮则令人精神大振，使就餐时情绪兴奋，从而减少用餐时间。

商店照明和其他照明不一样，商店照明为了吸引购物者的注意力，创造合适的环境氛围，大都采用混合照明的方式，大致分类如下。

（1）普通照明，这种照明方式是给一个环境提供基本的空间照明，用来把整个空间照亮。它要求照明器件的匀布性和照明的均匀性。

（2）商品照明，是对货架或货柜上的商品进行照明，保证商品在色、形、质三个方面都有很好的表现。

（3）重点照明，也叫物体照明，它是针对商店的某个重要物品或重要空间的照明。比如，橱窗的照明应该属于商店的重点照明。

（4）局部照明，这种方式通常是装饰性照明，用来制造特殊的氛围。

（5）作业照明，主要是指对柜台或收银台的照明。

（6）建筑照明，用来勾勒商店所在建筑的轮廓并提供基本的导向，营造热闹的气氛。

> **专家技巧：照明的特殊设置**
>
> 商品照明和重点照明这两种照明方式通常提供有方向的、光束比较窄的高亮度的针对对象的照明，采用点式光源并配合投光灯具。

下左图所示的餐馆里的照明效果，给人一种富丽堂皇的感觉，能够促进人们的食欲。

下右图中展示了商店里的照明效果，在吸引购物者的注意力的同时创造了合适的环境氛围。

1.3.3 混合照明

    我们常常可以看到室外光和室内人造光混合在一起的情景，特别是在黄昏，室内的暖色光和室外天光的冷色在色彩上形成了鲜明而和谐的对比，从视觉上给人们带来美的感受。这种自然光和人造光的混合，常常会带来很好的气氛，优秀的效果图在色彩方面都或多或少地对此有借鉴。

    右图中的建筑不仅受到了室外蓝紫色天光的光照，同时在室内也有橙黄色的光照。这在色彩上形成了鲜明的对比，同时又给我们带来了和谐统一的感觉。

1.3.4 火光和烛光

    比起电灯发出的灯光来讲，火光和烛光更丰富，火光本身的色彩变化也比较丰富。需要注意的是，它们的光源经常跳动和闪烁。现代人经常用烛光来营造一种浪漫的气氛，就是因为它本身的色温不高，并且光影柔和。右图展现的是烛光照明效果，我们可以看到烛光本身的色彩非常丰富，它产生的光影也比较柔和。

课后练习

一、选择题

1. 3ds Max中默认的对齐快捷键为（　　）。

A. W
B. Shift+J
C. Alt+A
D. Ctrl+D

2. 3ds Max的插件默认安装在（　　）目录下。

A. plugins
B. plugcfg
C. Scripts
D. 3ds Max的安装

3. 在放样的时候，默认情况下截面图形上的（　　）放在路径上。

A. 第一点
B. 中心点
C. 轴心点
D. 最后一点

4. 渲染场景的快捷键默认（　　）。

A. F9
B. F10
C. Shift+Q
D. F11

5. 复制关联物体的选项是（　　）。

A. 复制
B. 实例
C. 参考
D. 都不是

二、填空题

1. 在默认状态下，视图区一般由＿＿＿＿个相同的方形窗格组成，每一个方形窗格为一个视图。

2. 打开材质面板的快捷键是＿＿＿＿，打开动画记录的快捷键是＿＿＿＿，锁定X轴的快捷键是＿＿＿＿。

3. 3ds Max效果图设计步骤依次为：＿＿＿＿、建模、＿＿＿＿、材质、＿＿＿＿、＿＿＿＿。

三、操作题

上机查看各种模型中灯光的应用特点。

Chapter

02

3ds Max光源知识

光的种类很多，主要包括自然光、人造光。其中，自然光是指自然形成的光，如太阳光、闪电、月光等。而人造光是人为制造的光，如台灯、射灯、霓虹灯等。本章将对3ds Max中自带的灯光知识进行详细介绍。

知识要点

① 标准灯光
② 光度学灯光
③ 光域网
④ 阴影知识

上机安排

学习内容	学习时间
● 太阳光源的制作	20分钟
● 射灯光源的制作	20分钟
● 阴影效果的设置	20分钟

2.1 初识灯光

灯光可以表达出一种基调，对于整个图像的外观是至关重要的。灯光有助于表达一种情感，或引导观众的眼睛到特定的位置，还可以为场景提供更大的深度，展现丰富的层次。

3ds Max中的灯光有很多属性，其中包括颜色、形状、方向、衰减等。通过选择合适的灯光类型，设置准确的灯光参数，就可以模拟出真实的照明效果。通过多种类型的灯光的搭配使用，还可以模拟出精致的灯光层次。按照灯光层次，可以将场景中的光源分为关键光、补充光和背景光三种。

1. 关键光

在一个场景中，其主要光源通常称为关键光。关键光不一定只是一个光源，但是它一定是照明的主要光源。同样，关键光未必像点光源一样固定于一个地方。关键光是三点光照中的主要部分，其应用也最广泛。它是场景中最主要、最光亮的光，负责照亮主角，所以关键光的选择极其重要，是光照质量的决定性因素，是角色感情的重要表现因素。

2. 补充光

补充光用来填充场景的黑暗和阴影区域。关键光在场景中是最引人注意的光源，而补充光的光线可以提供景深和逼真的感觉。

比较重要的补光来自天然漫反射，这种类型的灯光通常称为环境光。在3ds Max中模拟环境光的办法是，在场景中把低强度的灯光放在合理的位置上，这种类型的辅助光应当减少阴影区域，并向不能被关键光直接照射的下边和角落提供一些光线。也可以将其放置在关键光相对的位置，用以柔化阴影。

3. 背景光

背景光通常作为边缘光，通过照亮对象的边缘将目标对象从背景中分开；经常放置在四分之三关键光的正对面，对物体的边缘起作用，引起很小的反射高光区。如果3ds Max场景中的模型由很多小的圆角边缘组成，这种高光会增加场景的可信性。

2.2 标准灯光

标准灯光是基于计算机的对象，其模拟灯光，如家用或办公室灯，舞台和电影工作时使用的灯光设备，以及太阳光本身。不同种类的灯光对象可用不同的方式投影灯光，用于模拟真实世界不同种类的光源。

2.2.1 聚光灯

聚光灯是3ds Max中最常用的灯光类型，通常由一个点向一个方向照射。聚光灯包括目标聚光灯和自由聚光灯两种，但照明原理都类似闪光灯，即投射聚集的光束，其中自由聚光灯没有目标对象。

聚光灯的主要参数包括常规参数、强度/颜色/衰减、聚光灯参数、高级效果、阴影参数、光线跟踪阴影参数、大气和效果以及mental ray间接照明，如右图所示。下面对主要参数进行详细介绍。

1. 常规参数

该卷展栏主要控制标准灯光的开启与关闭以及阴影的控制，如下页右上图所示，其中各选项的含义介绍如下。

- 灯光类型：共有三种类型可供选择，分别是聚光灯、平行光和泛光灯。
- 启用（"灯光类型"选项组）：控制是否开启灯光。
- 目标：如果启用该选项，灯光将成为目标。
- 启用（"阴影"选项组）：控制是否开启灯光阴影。
- 使用全局设置：如果启用该选项后，该灯光投射的阴影将影响整个场景的阴影效果。如果关闭该选项，则必须选择渲染器使用哪种方式来生成特定的灯光阴影。
- 阴影类型：切换阴影类型以得到不同的阴影效果。
- "排除"按钮：将选定的对象排除于灯光效果之外。

2. 强度/颜色/衰减

在标准灯光的"强度/颜色/衰减"卷展栏中，可以对灯光最基本的属性进行设置，如右图所示，其中各选项的含义介绍如下。

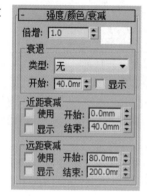

- 倍增：该参数可以将灯光功率放大一个正或负的量。
- 颜色：单击色块，可以设置灯光发射光线的颜色。
- 类型：指定灯光的衰退方式。
- 开始：设置灯光开始衰退的距离。
- 显示：控制是否在视口中显示灯光衰退的效果。
- 近距衰减：该选项组中提供了控制灯光强度淡入的参数。
- 远距衰减：该选项组中提供了控制灯光强度淡出的参数。

> **专家技巧：解决灯光衰减的方法**
>
> 灯光衰减时，距离灯光较近的对象可能过亮，距离灯光较远的对象表面可能过暗。这种情况可通过不同的曝光方式解决。

3. 聚光灯参数

"聚光灯"参数卷展栏主要控制聚光灯的聚光区及衰减区，如右图所示，其中各选项的含义介绍如下。

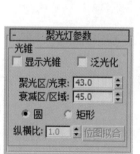

- 显示光锥：启用或禁用圆锥体的显示。
- 泛光化：启用该选项后，灯光在所有方向上投射灯光。但是，投影和阴影只发生在其衰减圆锥体内。
- 聚光区/光束：调整灯光圆锥体的角度。
- 衰减区/区域：调整灯光衰减区的角度。
- 圆/矩形：确定聚光区和衰减区的形状。如果想要一个标准圆形的灯光，应选择"圆"；如果想要一个矩形的光束（如灯光通过窗户或门投影），应选择"矩形"。
- 纵横比：设置矩形光束的纵横比。
- 位图拟合：如果灯光的投影纵横比为矩形，应该设置纵横比以匹配特定的位图。当灯光用做投影灯时，该选项非常有用。

4. 阴影参数

所有的标准灯光类型都具有相同的阴影参数设置，通过设置阴影参数，可以使对象投影产生密度不同或颜色不同的阴影效果。阴影参数直接在"阴影参数"卷展栏中进行设置，如下图所示，其中各选项的含义介绍如下。

- 颜色：单击色块，可以设置灯光投射的阴影颜色，默认为黑色。

- 密度：用于控制阴影的密度，值越小阴影越淡。
- 贴图：使用贴图可以应用各种程序贴图与阴影颜色进行混合，以产生更复杂的阴影效果。
- 灯光影响阴影颜色：灯光颜色将与阴影颜色混合在一起。
- 启用：控制是否启用"大气阴影"选项组中的参数，即控制是否使场景中的大气效果也产生投影。
- 不透明度：调节阴影的不透明度。
- 颜色量：调整大气颜色和阴影颜色的混合量。

自由聚光灯和目标聚光灯的参数基本是一致的，惟一区别在于自由聚光灯没有目标点，因此只能通过旋转来调节灯光的角度。

2.2.2 平行光

平行光包括目标平行光和自由平行光两种，主要用于模拟太阳在地球表面投射的光线，即以一个方向投射的平行光。目标平行光是具有方向性的灯光，常用来模拟太阳光的照射效果，当然也可以用来模拟美丽的夜色。

平行光的主要参数包括常规参数、强度/颜色/衰减、平行光参数、高级效果、阴影参数、阴影贴图参数，如下左图所示，其参数含义与聚光灯参数基本一致，这里就不再进行重复讲解。

2.2.3 泛光灯

泛光灯的特点是以一个点为发光中心，向外均匀地发散光线，常用来制作灯泡灯光、蜡烛光等。泛光灯的主要参数包括常规参数、强度/颜色/衰减、阴影参数、高级效果、阴影贴图参数，如下右图所示，其参数含义与聚光灯参数基本一致，这里就不再进行重复讲解。

知识链接 **应用泛光灯时的注意事项**

当泛光灯应用光线跟踪阴影时，渲染速度比聚光灯要慢，但渲染效果一致，在场景中应尽量避免这种情况。

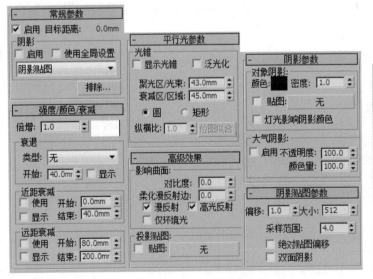
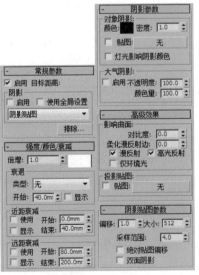

2.2.4 天光

天光灯光通常用来模拟较为柔和的灯光效果，也可以设置天空的颜色或将其指定为贴图，作为天空建模场景上方的圆屋顶。右图所示为其参数卷展栏，其中各选项的含义介绍如下。

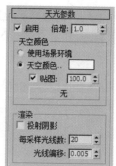

- 启用：启用或禁用灯光。
- 倍增：将灯光的功率放大一个正或负的量。
- 使用场景环境：使用环境面板上设置的环境给光上色。
- 天空颜色：单击色样可显示颜色选择器，并选择为天光染色。
- 贴图控件：使用贴图影响天光颜色。
- 投射阴影：使天光投射阴影。默认为禁用。
- 每采样光线数：用于计算落在场景中指定点上天光的光线数。
- 光线偏移：对象可以在场景中指定点上投射阴影的最短距离。

进阶案例 太阳光源效果的制作

本案例原本为一个阴天环境下的卧室场景，受室外光源影响较弱，这里将添加目标平行光表现太阳光源，使场景效果变成早晨的阳光效果，具体操作步骤介绍如下。

01 打开素材模型文件，如下图所示。

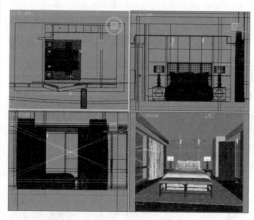

02 渲染场景效果如下图所示，窗外为雾蒙蒙的阴天。

03 在顶视图中创建一盏目标平行光，如下图所示。

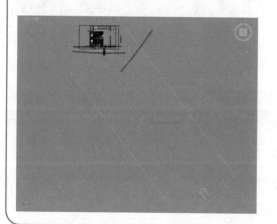

04 为目标平行光开启VR-阴影，再调整平行光参数，如下图所示。

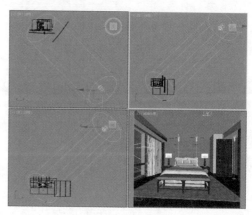

05 参数设置如下图所示。

06 渲染场景，得到添加了目标平行光后的效果如下图所示。

07 调整灯光强度及灯光颜色，如下图所示。

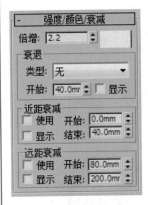

08 灯光颜色参数设置如下图所示。

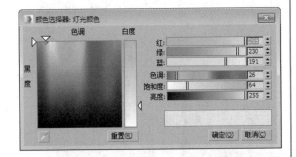

09 再次渲染场景，效果如右图所示。可以看到，此时已经是晴天的太阳光效果了。

2.3 光度学灯光

光度学灯光使用光度学（光能）值，通过这些值可以更精确地定义灯光，就像在真实世界一样。用户可以创建具有各种分布和颜色特性的灯光，或导入照明制造商提供的特定光度学文件。光度学灯光包括目标灯光、自由灯光和mr天空入口三种灯光类型。

2.3.1 目标灯光

目标灯光是效果图制作中非常常用的一种灯光类型，常用来模拟制作射灯、筒灯等，可以增大画面的灯光层次。

目标灯光的主要参数包括常规参数、分布（光度学Web）、强度/颜色/衰减、图形/区域阴影、阴影参数、VRay阴影参数和高级效果，如下图所示。下面对主要参数进行详细介绍。

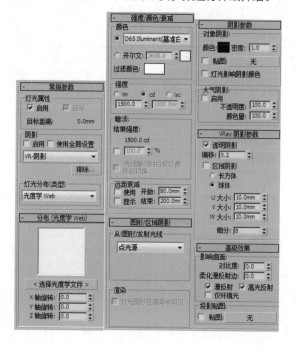

1. 常规参数

该卷展栏中的参数用于启用和禁用灯光及阴影，并排除或包含场景中的对象。通过它们，用户还可以设置灯光分布的类型。右图所示为参数卷展栏，其中各选项的含义介绍如下。

- 启用：启用或禁用灯光。
- 目标：启用该选项后，目标灯光才有目标点。
- 目标距离：用来显示目标的距离。
- （阴影）启用：控制是否开启灯光的阴影效果。
- 使用全局设置：启用后，该灯光投射的阴影将影响整个场景的阴影效果。
- 阴影类型：设置渲染场景时使用的阴影类型，包括高级光线跟踪、区域阴影、阴影贴图、光线跟踪阴影、VR-阴影和VR-阴影贴图几种类型。
- 排除：将选定的对象排除于灯光效果之外。
- 灯光分布（类型）：设置灯光的分布类型，包括光度学Web、聚光灯、统一漫反射、统一球形4种类型。

2. 分布（光度学Web）

当使用光域网分布创建或选择光度学灯光时，"修改"面板上将显示"分布（光度学Web）"卷展栏，如下左图所示。在该卷展栏中可以选择光域网文件并调整Web的方向，其中各选项的含义介绍如下。

- Web图：在选择光度学文件之后，该缩略图将显示灯光分布图案的示意图，如下右图所示。
- 选择光度学文件：单击此按钮，可选择用作光度学Web的文件，该文件可采用IES、LTLI或CIBSE格式。一旦选择某一个文件后，该按钮上会显示文件名。
- X轴旋转：沿着X轴旋转光域网。
- Y轴旋转：沿着Y轴旋转光域网。
- Z轴旋转：沿着Z轴旋转光域网。

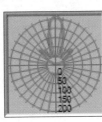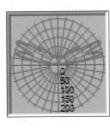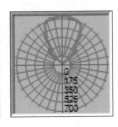

3. 强度/颜色/衰减

通过"强度/颜色/衰减"卷展栏，用户可以设置灯光的颜色和强度，还可以设置灯光衰减范围，如下图所示，其中各选项的含义介绍如下。

- 灯光选项：选择常见灯光规范，使之近似于灯光的光谱特征。默认为D65 Illuminant（基准白色）。
- 开尔文：通过调整色温微调器设置灯光的颜色。
- 过滤颜色：使用颜色过滤器模拟置于光源上的过滤色的效果。
- 强度：在物理数量的基础上指定光度学灯光的强度或亮度。
- 结果强度：用于显示暗淡所产生的强度，并使用与"强度"选项组相同的单位。
- 暗淡百分比：启用该选项后，设置的值会用于降低灯光强度的倍增。如果值为100%，则灯光具有最大强度；百分比值较低时，灯光较暗。
- 远距衰减：用户可以设置光度学灯光的衰减范围。
- 使用：启用灯光的远距衰减。
- 开始：设置灯光开始淡出的距离。
- 显示：在视口中显示远距衰减范围设置。
- 结束：设置灯光衰减为0的距离。

知识链接 ▶ **远距衰减功能的应用**

如果场景中存在大量的灯光，则使用"远距衰减"可以限制每个灯光所照场景的范围。例如，如果办公区域存在几排顶上照明，则通过设置"远距衰减"范围，可在渲染接待区域而非主办公区域时，无需计算灯光照明。再如，楼梯的每个台阶上可能都存在嵌入式灯光，如同剧院所布置的一样，将这些灯光的"远距衰减"值设置为较小的值，可在渲染整个剧院时无需计算（忽略）它们各自的照明。

2.3.2 自由灯光

　　自由灯光与目标灯光相似，惟一的区别就在于自由灯光没有目标点。右图所示为自由灯光的"常规参数"卷展栏。

> **知识链接** ▶ **调整灯光位置**
>
> 用户可以使用变换工具或者灯光视口定位灯光对象和调整其方向。也可以使用"放置高光"命令来调整灯光的位置。

2.3.3 mr天空入口

　　"mr天空入口"对象提供了一种聚集内部场景中的现有天空照明的有效方法，无需高度最终聚集或全局照明设置（这会使渲染时间过长）。实际上，入口就是一个区域灯光，从环境中导出其亮度和颜色。该灯光包括"mr天光入口参数"和"高级参数"两个卷展栏，下面将对其参数进行详细介绍。

1. mr天光入口参数

　　该参数卷展栏控制入口的强度、过滤色等基本参数，如右图所示，其中各选项的含义介绍如下。

- 启用：切换来自入口的照明。禁止时，入口对场景照明没有任何效果。
- 倍增：增加灯光功率。
- 过滤颜色：渲染来自外部的颜色。
- （阴影）启用：切换由入口灯光投射的阴影。
- 从"户外"：启用此选项时，从入口外部的对象投射阴影，也就是说，在远离箭头图标的一侧。
- 阴影采样：由入口投影的阴影的总体质量。如果渲染的图像呈颗粒状，请增加此值。
- 长度/宽度：使用微调器设置长度和宽度。
- 翻转光通量方向：确定灯光穿过入口方向。箭头必须指向入口内部，这样才能从天空或环境投射光。如果指向外部，请切换此设置。

2. 高级参数

　　该卷展栏控制入口的可见性及入口光源的颜色源，如右图所示，其中各选项的含义介绍如下。

- 对渲染器可见：启用此选项时，mr天空入口对象将出现在渲染的图像中。
- 透明度：过滤窗口外部的视图。
- 颜色源：设置mr天空入口从中获得照明的光源。
- 重用现有天光：使用天光。
- 使用场景环境：针对照明颜色使用环境贴图。
- 自定义：用户可以针对照明颜色使用任何贴图。

进阶案例 射灯光源效果的制作

　　本案例将利用目标灯光结合光域网来表现射灯光源效果，这在室内设计效果图的制作中起着很大的作用，应用非常广泛。下面介绍具体的操作步骤。

01 打开素材模型文件，这是一个通道位置的场景，如下图所示。

02 渲染场景，效果如下图所示。

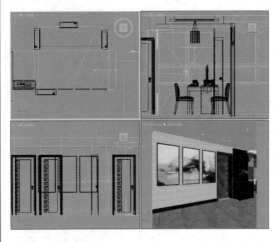

03 创建一盏目标灯光，调整灯光角度及位置，如下图所示。

04 渲染场景，效果如下图所示。可以看到，此时场景中的光源出现了曝光过度的问题。

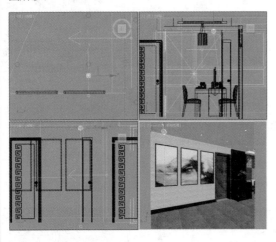

05 开启VR-阴影，设置灯光类型为"光度学Web"，并添加光域网文件，如右图所示。

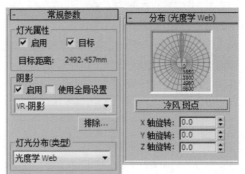

06 再次渲染场景，效果如下图所示。

07 调整灯光强度和灯光颜色，如下图所示。

08 灯光颜色参数设置如下图所示。

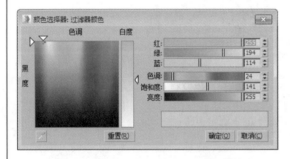

09 渲染场景，效果如下图所示。

10 实例复制灯光，调整位置，如下图所示。

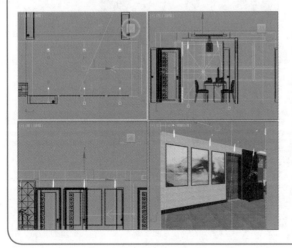

11 再次渲染场景，查看最终效果图，如下图所示。至此，完成射灯光源效果的制作。

2.4 光域网

　　光域网是模拟真实场景中灯光发光的分布形状而制作的一种特殊的光照文件，是结合光能传递渲染使用的。我们可以简单地把光域网理解为灯光贴图。光域网文件的后缀名为.ies，用户可以从网上进行下载。它能使我们的场景渲染出来的射灯效果更真实，层次更明显，效果更好。

　　上面说光域网有那么多好处，那么光域网怎么用？下面就来介绍一下光域网的使用方法，具体操作步骤如下。

步骤01 在标准灯光创建命令面板中单击"目标灯光"按钮，在场景中创建一个目标灯光，如下图所示。

步骤02 进入修改命令面板，在"常规参数"卷展栏中设置灯光分布类型为"光度学Web"，之后出现"分布（光度学Web）"卷展栏，如下图所示。

步骤03 单击"选择光度学文件"按钮，弹出"打开光域Web文件"对话框，从中选择合适的光域Web文件即可，如下图所示。

步骤04 我们并不能直接看到光域网文件效果，但是在下载的光域网文件所在的文件夹中能够找到各个光域网文件所对应的渲染出来的效果图，如下图所示。根据场景需要及灯光性质选择正确的光域网文件即可。

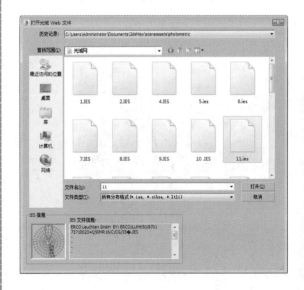

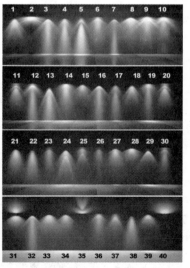

2.5 3ds Max灯光阴影类型

对于标准灯光和光度学灯光中的所有类型的灯光，在"常规参数"卷展栏中，除了可以对灯光进行开关设置外，还可以选择不同形式的阴影方式。

2.5.1 阴影贴图

阴影贴图是最常用的阴影生成方式，它能产生柔和的阴影，且渲染速度快。不足之处是会占用大量的内存，并且不支持使用透明度或不透明度贴图的对象。使用阴影贴图，灯光参数面板中会出现右图所示的"阴影贴图参数"卷展栏。

卷展栏中各选项的含义介绍如下。

- 偏移：设置位图偏移面向或背离阴影投射对象移动阴影的多少。
- 大小：设置用于计算灯光的阴影贴图大小。
- 采样范围：采样范围决定阴影内平均有多少区域，影响柔和阴影边缘的程度，范围为0.01～50.0。
- 绝对贴图偏移：勾选该复选框，阴影贴图的偏移未标准化，以绝对方式计算阴影贴图偏移量。
- 双面阴影：勾选该复选框，计算阴影时背面将不被忽略。

2.5.2 区域阴影

所有类型的灯光都可以使用"区域阴影"参数。创建区域阴影，需要设置"虚设"区域阴影的虚拟灯光的尺寸。使用"区域阴影"后，会出现相应的参数卷展栏，在卷展栏中可以选择产生阴影的灯光类型并设置阴影参数，如右图所示。

卷展栏中各选项的含义介绍如下。

- 基本选项：在该选项组中可以选择生成区域阴影的方式，包括简单、矩形灯、圆形灯、长方体形灯、球形灯等多种方式。
- 阴影完整性：用于设置在初始光束投射中的光线数。
- 阴影质量：用于设置在半影（柔化区域）区域中投射的光线总数。
- 采样扩散：用于设置模糊抗锯齿边缘的半径。
- 阴影偏移：用于控制阴影和物体之间的偏移距离。
- 抖动量：用于向光线位置添加随机性。
- 区域灯光尺寸：该选项组提供尺寸参数来计算区域阴影，该组参数并不影响实际的灯光对象。

2.5.3 光线跟踪阴影

使用"光线跟踪阴影"功能可以支持透明度和不透明度贴图，产生清晰的阴影。但该阴影类型渲染计算速度较慢，不支持柔和的阴影效果。选择"光线跟踪阴影"选项后，参数面板中会出现相应的卷展栏，如右图所示。卷展栏中各选项含义介绍如下。

- 光线偏移：该参数用于设置光线跟踪偏移面向或背离阴影投射对象移动阴影的多少。
- 双面阴影：勾选该复选框，计算阴影时其背面将不被忽略。
- 最大四元树深度：该参数可调整四元树的深度。增大四元树深度值可以缩短光线跟踪时间，但却要占用大量的内存空间。四元树是一种用于计算光线跟踪阴影的数据结构。

课后练习

一、选择题

1. 以下（　　）不属于3ds Max中的默认灯光类型。

 A. 泛光灯   B. 目标聚光灯

 C. 自由平行光   D. Brazil灯光

2. 火焰/雾/光学特效效果可以在以下（　　）视图中正常渲染。

 A. 顶视图   B. 前视图

 C. 摄影机视图   D. 后视图

3. 下面（　　）灯光不能控制发光范围。

 A. 泛光灯   B. 聚光灯

 C. 直射灯   D. 天光

4. 下面关于编辑修改器的说法正确的是（　　）。

 A. 编辑修改器只可以作用于整个对象

 B. 编辑修改器只可以作用于对象的某个部分

 C. 编辑修改器可以作用于整个对象，也可以作用于对象的某个部分

 D. 以上答案都不正确

二、填空题

1. 3ds Max的标准灯光分别是＿＿＿＿、自由聚光灯、＿＿＿＿、自由平行灯光、＿＿＿＿、天光、mr区域泛光灯和mr区域聚光灯等多种标准灯光。

2. 添加灯光是场景描绘中必不可少的一个环节。通常在场景中表现照明效果应添加＿＿＿＿；若需要设置舞台灯光，应添加＿＿＿＿。

3. 3ds Max的三大要素是建模、材质、＿＿＿＿。

4. 照明是将主灯光放置在＿＿＿＿的侧面，让主灯光照射物体，也叫3/4照明、1/4照明或45°照明。

三、上机题

利用本章所学的知识，练习为如下图所示的模型添加标准灯光。

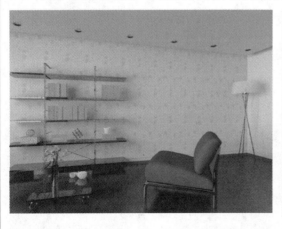 

> 提示 ▶ 在场景中创建灯光对象时，建议基于真实世界中光源的发射原理来创建。

03

VRay光源知识

VRay灯光是在安装了VRay渲染器以后才可以使用的灯光类型。VRay灯光区别于标准灯光，其操作更为简单、效果更加逼真，常用于效果图的制作中，可以模拟出逼真的灯光效果。本章将详细介绍VRay灯光的相关知识，通过本章的学习，读者将对VRay灯光知识有详细的了解，为后面的效果图制作打下基础。

知识要点

① VRay灯光类型
② VR灯光的使用
③ VR阳光的使用
④ VR阴影知识

上机安排

学习内容	学习时间
● 台灯光源的制作	15分钟
● 灯带光源的制作	15分钟
● 太阳光源的制作	15分钟

3.1 VRay灯光概述

　　VRay渲染器是世界范围内使用人数最多的渲染器，而VRay灯光是VRay渲染器中非常强大的一部分，可见其重要性。VRay灯光包括VR-灯光、VR-太阳、VRayIES、VR-环境灯光4种类型，其中VR-灯光和VR-太阳最为常用。

3.1.1 VR-灯光

　　VR-灯光是VRay渲染器自带的灯光之一，它的使用频率比较高。其默认的光源形状为具有光源指向的矩形光源，如下左图所示。VR-灯光参数控制面板如下右图所示。

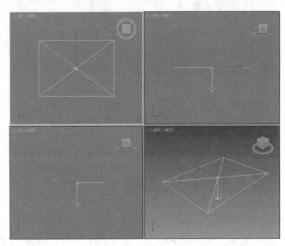

　　上述参数面板中，各选项的含义介绍如下。

- 开：灯光的开关。勾选此复选框，灯光才被开启。
- 排除：可以将场景中的对象排除到灯光的影响范围外。
- 类型：有3种灯光类型可以选择。
- 单位：VRay的默认单位，以灯光的亮度和颜色来控制灯光的光照强度。
- 颜色：光源发光的颜色。
- 倍增器：用于控制光照的强弱。
- 半长：面光源长度的一半。
- 半宽：面光源宽度的一半。
- 双面：控制是否在面光源的两面都产生灯光效果。
- 不可见：用于控制是否在渲染的时候显示VRay灯光的形状。
- 忽略灯光法线：勾选此复选框，场景中的光线按灯光法线分布。不勾选此复选框，场景中的光线均匀分布。
- 不衰减：勾选此复选框，灯光强度将不随距离而减弱。
- 天光入口：勾选此复选框，将把VRay灯光转化为天光。
- 存储发光贴图：勾选此复选框，同时为发光贴图命名并指定路径，这样VR-灯光的光照信息将被保存。这样在渲染光子时会很慢，但最后可直接调用发光贴图，从而减少渲染时间。
- 影响漫反射：控制灯光是否影响材质属性的漫反射。
- 影响高光：控制灯光是否影响材质属性的高光。
- 细分：控制VRay灯光的采样细分。
- 阴影偏移：控制物体与阴影的偏移距离。

- 使用纹理：可以设置HDRI贴图纹理作为穹顶灯的光源。
- 分辨率：用于控制HDRI贴图纹理的清晰度。
- 目标半径：当使用光子贴图时，确定光子从哪里开始发射。
- 发射半径：当使用光子贴图时，确定光子从哪里结束发射。

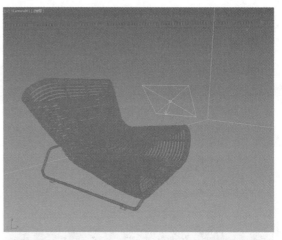

下面通过简单的场景测试来对VR-灯光的一些重要参数进行说明，右图所示为灯光测试场景。

渲染场景，下图所示为未勾选"双面"选项和勾选了"双面"选项的效果。该选项用来控制灯光是否双面发光。

下图所示为未勾选"不可见"选项和勾选了"不可见"选项的效果。该选项用来控制是否显示VR-灯光的形状。

下图所示为未勾选"不衰减"选项和勾选了"不衰减"选项的效果。勾选该选项后，光线没有衰减，整个场景非常明亮且不真实。

从下图的对比中可以看出"影响漫反射"、"影响高光"以及"影响反射"三个选项的作用效果。下左图所示为仅勾选"影响漫反射"选项的效果，下右图所示为仅勾选"影响高光"选项的效果。

下左图所示为勾选"影响漫反射"和"影响反射"两个选项的效果，下右图所示为仅勾选"影响高光"选项的效果。

下左图所示为勾选"影响漫反射"和"影响高光"两个选项的效果，下右图所示为勾选"影响反射"和"影响高光"两个选项的效果。

右图所示为"影响漫反射"、"影响反射"和"影响高光"三个选项都勾选后的渲染效果。

专家技巧：测试的重要性

关于其他选项的应用，读者可以自己做测试，通过测试就会更深刻地理解它们的用途。测试是学习VRay最有效的方法，只有通过不断测试，才能真正理解每个参数的含义，这样才能做出逼真的效果。所以读者在学习VRay的时候，应避免死记硬背，要从原理层次去理解参数，这才是学习VRay的正确方法。

进阶案例 台灯光源的制作

本案例中将利用VR球形灯光来表现台灯光源效果，操作步骤介绍如下。

01 打开素材文件，如右图所示。

02 渲染摄影机视口，效果如下图所示。

03 在VRay灯光创建命令面板中单击VR-灯光按钮，在场景中创建一盏VR-灯光，设置灯光类型为球体，并调整到合适的位置，如下图所示。

04 渲染摄影机视口，效果如下图所示，可以看到灯光强度很弱。

05 在修改命令面板中调整灯光强度与灯光半径值，再勾选相关选项，如下图所示。

06 渲染场景，效果如下图所示。

07 调整灯光颜色及细分参数，如下图所示。

08 灯光颜色参数设置如下图所示。

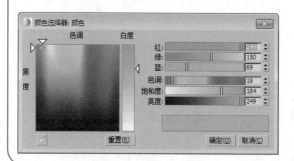

09 再次渲染摄影机视口,效果如下图所示。

进阶案例 **灯带光源的制作**

本案例中将利用VR面光来表现灯带光源效果,相比原始的利用自发光材质表现灯带效果,VR灯光所发出的光线更加真实、细腻,下面介绍操作步骤。

01 打开模型素材文件,如下图所示。

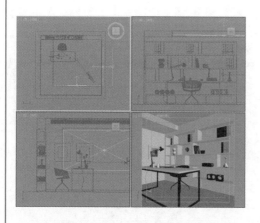

02 渲染摄影机视口,场景效果如下图所示,可以看到场景视野内的书架上有一处灯槽位置。

03 在顶视图中创建一盏VR灯光,调整尺寸、细分等参数,再调整灯光位置,如右图所示。

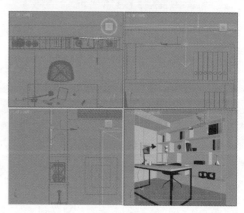

04 灯光参数设置如下图所示。

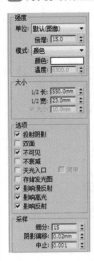

05 渲染场景效果如下图所示，可以看到书架位置的灯带光源亮度较强，整体效果偏冷。

06 调整灯光强度，再调整灯光颜色为暖黄色，如下图所示。

07 灯光颜色参数设置如下图所示。

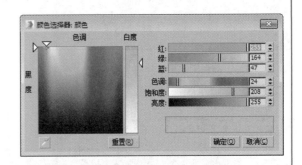

08 再次渲染场景，效果如右图所示，这时的光源效果较为柔和，场景色调温暖。

09 向一侧实例复制两个VR灯光，调整到合适的位置，利用缩放工具在顶视图中对灯光进行缩放，如下图所示。

10 再次渲染场景，最终效果如下图所示。

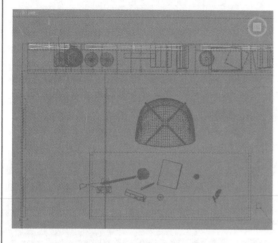

知识链接 实例复制

实例复制的多个物体，利用缩放工具对其中一个物体进行大小缩放后，其他物体的参数相同，视觉大小不变。

3.1.2 VR-太阳和VR-天空

VR-太阳和VR-天空可以模拟物理世界里的真实阳光和天光效果，它们的变化主要是随着VR-太阳位置的变化而变化的。

1. VR-太阳

VR-太阳是VRay渲染器用于模拟太阳光的，它通常和VR-天空配合使用，如下左图所示。"VRay太阳参数"卷展栏如下右图所示。

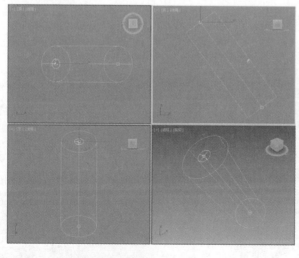

上述参数面板中，各选项的含义介绍如下。

● 启用：此选项用于控制阳光的开光。

- 不可见：用于控制在渲染时是否显示VRay阳光的形状。
- 浊度：影响太阳和天空的颜色倾向。当数值较小时，空气晴朗干净，颜色倾向为蓝色；当数值较大时，空气浑浊，颜色倾向为黄色甚至橘黄色。
- 臭氧：表示空气中的氧气含量。较小的值阳光会发黄，较大的值阳光会发蓝。
- 强度倍增：用于控制阳光的强度。
- 大小倍增：控制太阳的大小，主要表现在控制投影的模糊程度。较大的值阴影会比较模糊。
- 阴影细分：用于控制阴影的品质。较大的值模糊区域的阴影将会比较光滑，没有杂点。
- 阴影偏移：用来控制物体与阴影的偏移距离，较高的值会使阴影向灯光的方向偏移。如果该值为1.0，阴影无偏移；如果该值大于1.0，阴影远离投影对象；如果该值小于1.0，阴影靠近投影对象。
- 光子发射半径：用于设置光子放射的半径。这个参数和photon map计算引擎有关。

2. VR-天空

VR-天空贴图，既可以放在3ds Max环境里，也可以放在VRay的DI环境里。其参数卷展栏如右图所示。

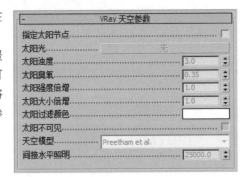

- 指定太阳节点：当不勾选时，VR-天空的参数将从场景中的VR-太阳的参数里自动匹配；当勾选时，用户就可以从场景中选择不同的光源。这种情况下，VR-太阳将不再控制VR-天空的效果，而VR-天空将用它自身的参数来改变VR天空的效果。
- 太阳光：选择阳光光源，这里除了选择VR-太阳之外，还可以选择其他的光源。

该参数卷展栏中的其他参数和VR-太阳里的参数是一样的，这里就不多做讲解。

知识链接 ▶ "浊度"和"臭氧"选项设置常识

早晨空气浑浊度低，黄昏空气浑浊度高。冬天的氧气含量高，夏天的氧气含量低；高原的氧气含量低，平原的氧气含量高。

进阶案例 太阳光源的制作

本案例中将介绍利用VR太阳灯光表现室外阳光效果的过程，具体操作步骤介绍如下。

01 打开素材模型，如下图所示。

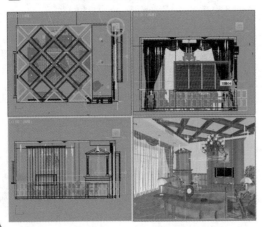

02 渲染场景，效果如下图所示。

03 在顶视图中创建一盏VR太阳灯光，根据提示选择自动添加一张VR天空环境贴图，如下图所示。

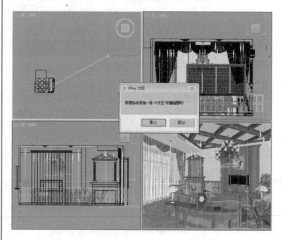

04 调整灯光角度及位置，如下图所示。

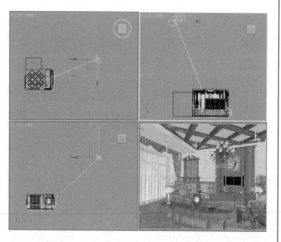

05 渲染场景，效果如下图所示。

06 调整VR太阳灯光参数，然后再次渲染场景，如下图所示。

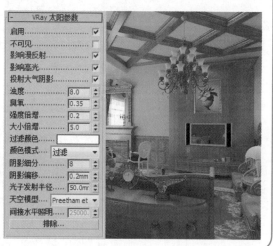

3.1.3 VRayIES

VRayIES是VRay渲染器提供用于添加IES光域网文件的光源。选择了光域网文件（*.IES），那么在渲染过程中光源的照明就会按照选择的光域网文件中的信息来表现，就可以做出普通照明无法做到的散射、多层反射、日光灯等效果，如右图所示。

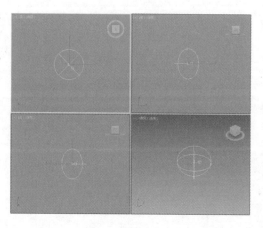

"VRay IES参数"卷展栏如右图所示，其中参数含义与VRay
灯光和VRay阳光类似。

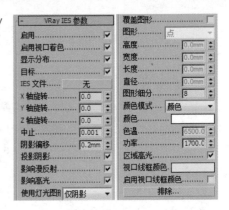

3.2 VRay阴影

在3ds Max标准灯光中，VRay阴影是其中一种阴影模式。在室内外等场景的渲染过程中，通常是将3ds Max的灯光设置为主光源，配合VRay阴影进行画面的制作，因为VRay阴影产生的模糊阴影的计算速度要比其他类型的阴影速度快。

选择"VRay阴影"选项后，参数面板中会出现相应的卷展栏，如右图所示。

- 透明阴影：当物体的阴影是由一个透明物体产生的时，该选项十分有用。
- 偏移：设置阴影偏移。
- 区域阴影：打开或关闭面阴影。
- 长方体：假定光线是由一个长方体发出的。
- 球体：假定光线是由一个球体发出的。

课后练习

一、选择题

1. 下列不属于3ds Max默认灯光类型的是（　　）。
   A. 天光　　　　　　　　　　　　　　　B. 目标灯光
   C. 目标平行光　　　　　　　　　　　　D. VR灯光

2. 在标准灯光中，（　　）灯光在创建的时候不需要考虑位置的问题。
   A. 目标平行光　　　　　　　　　　　　B. 天光
   C. 泛光灯　　　　　　　　　　　　　　D. 目标聚光灯

3. 在光度学灯光中，关于灯光分布的4种类型中，（　　）可以载入光域网使用。
   A. 统一球体　　　　　　　　　　　　　B. 聚光灯
   C. 光度学Web　　　　　　　　　　　　D. 统一漫反射

4. 以下不能产生阴影的灯光是（　　）。
   A. 泛光灯　　　　　　　　　　　　　　B. 自由平行光
   C. 目标聚光灯　　　　　　　　　　　　D. 天空光

5. Omni是哪一种灯光（　　）。
   A. 聚光灯　　　　　　　　　　　　　　B. 目标聚光灯
   C. 泛光灯　　　　　　　　　　　　　　D. 目标平行光

二、填空题

1. 添加灯光是场景描绘中必不可少的环节。通常在场景中表现照明效果应添加＿＿＿＿＿；若是需要设置舞台灯光，应添加＿＿＿＿＿。

2. 灯光按功能分类有＿＿＿＿＿、＿＿＿＿＿和＿＿＿＿＿。

3. 在3ds Max中可以使用＿＿＿＿＿来模拟筒灯和射灯。

4. 通常可以使用＿＿＿＿＿作为基础灯照亮背景。

5. 3ds Max中的标准灯光有＿＿＿＿＿种。

三、操作题

用户课后可以试着为场景创建灯光，参考效果如下图所示。

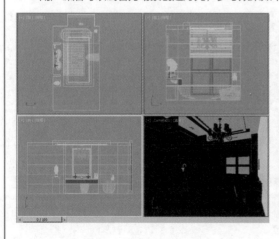 

Chapter

04

摄影机技术

本章将为用户介绍摄影机技术，摄影机的应用是效果图制作过程中重要的一个环节，在3ds Max中，通过创建摄影机可以确定作品画面的角度、景深、运动模糊、增强透视等各种效果。本章将详细地介绍关于摄影机的知识，从而为以后的创作奠定良好的基础。

知识要点

① 摄影机的理论
② 标准摄影机的应用
③ VRay摄影机的应用

上机安排

学习内容	学习时间
● 景深效果的制作	20分钟
● VR物理摄影机的应用	20分钟
● 光晕效果的制作	20分钟

4.1 摄影机基础知识

在学习3ds Max的具体类型和参数之前，首先需要了解一下摄影机的相关理论。摄影机是通过光学成像原理形成影像并使用底片或存储卡记录影像的设备，其主要作用是记录画面。

4.1.1 摄影机基本知识

真实世界中的摄影机是使用镜头将环境反射的灯光聚焦到具有灯光敏感性曲面的焦点平面，3ds Max 2016中摄影机相关的参数主要包括焦距和视野。

1. 焦距

焦距是指镜头和灯光敏感性曲面的焦点平面间的距离。焦距影响成像对象在图片上的清晰度。焦距越小，图片中包含的场景越多；焦距越大，图片中包含的场景越少，但会显示远距离成像对象的更多细节。

2. 视野

视野控制摄影机可见场景的数量，以水平线度数进行测量。视野与镜头的焦距直接相关，例如35mm的镜头显示水平线约为54°，焦距越大则视野越窄，焦距越小则视野越宽。

4.1.2 构图原理

构图无论是在摄影，还是在设计创作中都是尤为重要的。构图的合理与否直接影响整个作品的冲击力、作品情感。

1. 聚焦构图

聚焦构图即指多个物体聚焦在一点的构图方式，会产生刺激、冲击的画面效果。

2. 对称构图

对称构图是最常见的构图方式，是指画面的上下对称或左右对称，会产生较为平衡的画面效果。

3. 曲线构图

曲线构图是指将画面中的主体物安排在曲线的位置上，可以让画面产生唯美的效果。

4. 对角线构图

水平线给人一种静态的、平静的感觉，而倾斜的对角线构图则给人一种运动或不确定性的感觉。

5. 黄金分割构图

黄金比又称黄金律，是指事物各部分间一定的数学比例关系，即将整体一分为二，较大部分与较小部分之比等于整体与较大部分之比，其比值约为1：0.618。

6. 三角形构图

三角形构图是指以三个视觉中心为景物的主要位置，形成一个稳定的三角形，会产生安定、均衡、不失灵活的效果。

4.2 标准摄影机

摄影机可以从特定的观察点来表现场景，模拟真实世界中的静止图像、运动图像或视频，并能够制作某些特殊的效果，如景深和运动模糊等。3ds Max 2016共提供了三种摄影机类型，分别是物理摄影机、目标摄影机和自由摄影机。本节主要介绍摄影机的相关基础知识与实际应用操作。

4.2.1 物理摄影机

物理摄影机可模拟用户可能熟悉的真实摄影机设置，例如快门速度、光圈、景深和曝光。借助增强的控件和额外的视口内反馈，让创建逼真的图像和动画变得更加容易。它将场景的帧设置与曝光控制和其他效果集成在一起，是用于基于物理的真实照片级渲染的最佳摄影机类型。

1. 基本参数

"基本"参数面板如右图所示，其中各个参数的含义介绍如下。

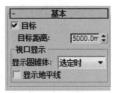

- 目标：启用该选项后，摄影机包括目标对象，并与目标摄影机的行为相似。
- 目标距离：设置目标与焦平面之间的距离，会影响聚焦、景深等。
- 显示圆锥体：在显示摄影机圆锥体时选择"选定时"、"始终"或"从不"。
- 显示地平线：启用该选项后，地平线在摄影机视口中显示为水平线（假设摄影机帧包括地平线）。

2. 物理摄影机参数

"物理摄影机"参数面板如右图所示，其中各个参数的含义介绍如下。

- 预设值：选择胶片模型或电荷耦合传感器。选项包括35mm胶片，以及多种行业标准设置。每个设置都有其默认宽度值。"自定义"选项用于选择任意宽度。
- 宽度：可以手动调整帧的宽度。
- 焦距：设置镜头的焦距，默认值为40mm。
- 指定视野：启用该选项时，可以设置新的视野值。默认的视野值取决于所选的胶片/传感器预设值。
- 缩放：在不更改摄影机位置的情况下缩放镜头。
- 光圈：将光圈设置为光圈数，或"F制光圈"。此值将影响曝光和景深。光圈值越低，光圈越大并且景深越窄。
- 镜头呼吸：通过将镜头向焦距方向移动或远离焦距方向来调整视野。镜头呼吸值为0.0表示禁用此效果。
- 启用景深：启用该选项时，摄影机在不等于焦距的距离上生成模糊效果。景深效果的强度基于光圈设置。
- 类型：选择测量快门速度使用的单位，其中帧（默认设置），通常用于计算机图形；1/秒或秒，通常用于静态摄影；度，通常用于电影摄影。
- 持续时间：根据所选的单位类型设置快门速度。该值可能影响曝光、景深和运动模糊。
- 偏移：启用该选项时，指定相对于每帧的开始时间的快门打开时间，更改此值会影响运动模糊。
- 启用运动模糊：启用该选项后，摄影机可以生成运动模糊效果。

3. 曝光参数

"曝光"参数面板如右图所示，其中各个参数的含义介绍如下。

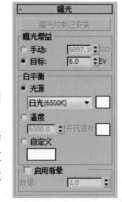

- 曝光控制已安装：单击以使物理摄影机曝光控制处于活动状态。
- 手动：通过ISO值设置曝光增益。当此选项处于活动状态时，通过此值、快门速度和光圈设置计算曝光。该数值越高，曝光时间越长。
- 目标：设置与三个摄影曝光值的组合相对应的单个曝光值设置。每次增加或降低EV值，对应地也会分别减少或增加有效的曝光，如快门速度值中所做的更改表示的一样。因此，值越高，生成的图像越暗，值越低，生成的图像越亮。默认设置为6.0。

- 光源：按照标准光源设置色彩平衡。
- 温度：以色温形式设置色彩平衡，以开尔文度表示。
- 自定义：用于设置任意色彩平衡。单击色样以打开"颜色选择器"，可以从中设置希望使用的颜色。
- 启用渐晕：启用时，渲染模拟出现在胶片平面边缘的变暗效果。
- 数量：增加此数量以增加渐晕效果。

4. 散景（景深）参数

"散景（景深）"参数面板如右图所示，其中各个参数的含义介绍如下。

- 圆形：散景效果基于圆形光圈。
- 叶片式：散景效果使用带有边的光圈。使用"叶片"值设置每个模糊圈的边数，使用"旋转"值设置每个模糊圈旋转的角度。
- 自定义纹理：使用贴图来用图案替换每种模糊圈。将纹理映射到与镜头纵横比相匹配的矩形，会忽略纹理的初始纵横比。
- 中心偏移（光环效果）：使光圈透明度向中心（负值）或边（正值）偏移。正值会增加焦区域的模糊量，而负值会减少模糊量。
- 光学渐晕（CAT眼睛）：通过模拟猫眼效果使帧呈现渐晕效果。
- 各向异性（失真镜头）：通过垂直（负值）或水平（正值）拉伸光圈模拟失真镜头。

知识链接 ▶ **物理摄影机的应用**

物理摄影机功能的支持级别取决于所使用的渲染器，具体介绍如下。

（1）默认扫描线渲染器

支持以下项以外的物理摄影机设置：

- 扭曲
- 景深
- 运动模糊

透视控制受支持，但是一些设置可能与某些场景不对应。

（2）mental ray渲染器

支持所有物理摄影机设置。

（3）iray渲染器

支持以下项以外的物理摄影机设置：

- 扭曲
- 景深
- 透视控制 > 倾斜校正
- 近距/远距剪切平面
- 环境范围

（4）Quicksilver硬件渲染器

支持以下项以外的物理摄影机设置：

- 扭曲
- 运动模糊
- 散景 > 光圈形状

透视控制受支持，但是一些设置可能与某些场景不对应。

（5）第三方渲染器

VRay渲染器支持所有的物理摄影机设置，其他第三方渲染器具有与默认扫描线渲染器相同的限制，除非它们已经明确编码来支持物理摄影机。

4.2.2 目标摄影机

目标摄影机用于观察目标点附近的场景内容，它有摄影机、目标两部分，可以很容易地单独进行控制调整，并分别设置动画。

1. 常用参数

摄影机的常用参数主要包括镜头的选择、视野的设置、大气范围和裁剪范围的控制等，右图所示为目标摄影机对应的参数面板。

参数面板中各个参数的含义如下。

- 镜头：以毫米为单位设置摄影机的焦距。
- 视野：用于决定摄影机查看区域的宽度，可以通过水平、垂直或对角线这3种方式测量应用。
- 正交投影：启用该选项后，摄影机视图为用户视图；关闭该选项后，摄影机视图为标准的透视视图。
- 备用镜头：该选项组用于选择各种常用预置镜头。
- 类型：切换摄影机的类型，包含目标摄影机和自由摄影机两种。
- 显示圆锥体：显示摄影机视野定义的锥形光线。
- 显示地平线：在摄影机中的地平线上显示一条深灰色的线条。
- 显示：显示出在摄影机锥形光线内的矩形。
- 近距/远距范围：设置大气效果的近距范围和远距范围。
- 手动剪切：启用该选项可以定义剪切的平面。
- 近距/远距剪切：设置近距和远距平面。
- 多过程效果：该选项组中的参数主要用来设置摄影机的景深和运动模糊效果。
- 目标距离：当使用目标摄影机时，设置摄影机与其目标之间的距离。

2. 景深参数

景深是多重过滤效果，通过模糊到摄影机焦点某距离处的帧的区域，使图像焦点之外的区域产生模糊效果。

景深的启用和控制，主要在摄影机参数面板的"多过程效果"选项组和"景深参数"卷展栏中进行设置，如右图所示，各个参数的含义如下。

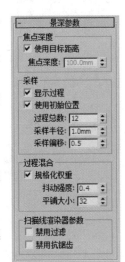

- 使用目标距离：启用该选项后，系统会将摄影机的目标距离用作每个过程偏移摄影机的点。
- 焦点深度：当关闭"使用目标距离"选项时，该选项可以用来设置摄影机的偏移深度。
- 显示过程：启用该选项后，"渲染帧窗口"对话框中将显示多个渲染通道。
- 使用初始位置：启用该选项后，第一个渲染过程将位于摄影机的初始位置。
- 过程总数：设置生成景深效果的过程数。增大该值可以提高效果的真实度，但是会增加渲染时间。
- 采样半径：设置生成的模糊半径。数值越大，模糊越明显。
- 采样偏移：设置模糊靠近或远离"采样半径"的权重。增加该值将增加景深模糊的数量级，从而得到更加均匀的景深效果。
- 规格化权重：启用该选项后可以产生平滑的效果。
- 抖动强度：设置应用于渲染通道的抖动程度。
- 平铺大小：设置图案的大小。

- 禁用过滤：启用该选项后，系统将禁用过滤的整个过程。
- 禁用抗锯齿：启用该选项后，可以禁用抗锯齿功能。

3. 运动模糊参数

运动模糊可以通过模拟实际摄影机的工作方式，增强渲染动画的真实感。摄影机有快门速度，如果在打开快门时物体出现明显的移动情况，胶片上的图像将变模糊。

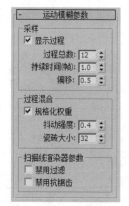

在摄影机的参数面板中选择"运动模糊"选项时，会打开相应的参数卷展栏，用于控制运动模糊效果，如右图所示，其中各个选项的含义介绍如下。

- 显示过程：启用该选项后，"渲染帧窗口"对话框中将显示多个渲染通道。
- 过程总数：用于生成效果的过程数。增加此值可以增加效果的精确性，但渲染时间会更长。
- 持续时间：用于设置在动画中将应用运动模糊效果的帧数。
- 偏移：设置模糊的偏移距离。
- 抖动强度：用于控制应用于渲染通道的抖动程度，增加此值会增加抖动量，且生成颗粒状效果，尤其在对象的边缘上。
- 瓷砖大小：设置图案的大小。

4.2.3 自由摄影机

自由摄影机在摄影机指向的方向查看区域，与目标摄影机非常相似，就像目标聚光灯和自由聚光灯的区别。不同的是自由摄影机比目标摄影机少了一个目标点，自由摄影机由单个图标表示，可以更轻松地设置摄影机动画。其参数设置面板如下图所示。

知识链接

如果场景中只有一个摄影机时，取消选择按下C键，视图将会自动转换为摄影机视图；如果有多个摄影机，按下C键，将会弹出"选择摄影机"对话框。

进阶案例 景深效果的制作

这里将通过实例来介绍景深效果的设置过程，操作步骤如下。

01 打开配套的场景文件，如下图所示。

02 在创建命令面板中单击"标准摄影机"按钮，创建一盏摄影机，如下图所示。

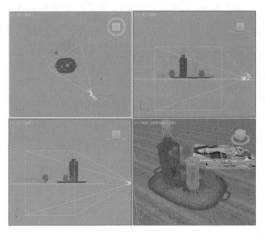

03 设置摄影机镜头参数为40，再调整位置及角度，如下图所示。

04 按C键切换到摄影机视图，如下图所示。

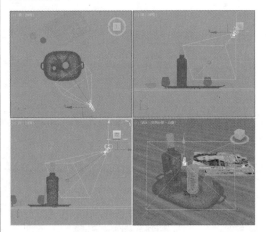

05 渲染场景，效果如右图所示。

06 按F10键打开"渲染设置"窗口，在"摄影机"卷展栏中勾选"景深"选项，再勾选"从摄影机获得焦点距离"选项，设置光圈数为2.5、焦点距离为100，如下图所示。

07 再次渲染摄影机视口，效果如下图所示。

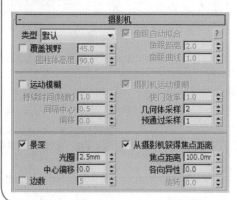

4.3 VRay摄影机

VRay摄影机是安装了VRay渲染器后新增的一种摄影机。本节将对其相关知识进行详细介绍。VRay渲染器提供了"VR-穹顶摄影机"和"VR-物理摄影机"两种摄影机，VRay摄影机创建命令面板如下左图所示。

4.3.1 VR-穹顶摄影机

VR-穹顶摄影机通常被用于渲染半球圆顶效果，它的参数设置面板如下右图所示。

- 翻转X：使渲染的图像在X轴上进行翻转。
- 翻转Y：使渲染的图像在Y轴上进行翻转。
- fov：设置视角的大小。

4.3.2 VR-物理摄影机

VR-物理摄影机和3ds Max自带的摄影机相比，能模拟真实成像，可以更轻松地调节透视关系。单靠摄影机就能控制曝光，另外还有许多非常不错的其他特殊功能和效果。普通摄影机不带任何属性，如白平衡、曝光值等。而VR-物理摄影机则具有这些属性调节功能，简单地讲，如果发现灯光不够亮，直接修改VRay摄影机的部分参数就能提高画面亮度，而不用重新修改灯光的亮度。

1. 基本参数

VR-物理摄影机的"基本参数"面板如右图所示。

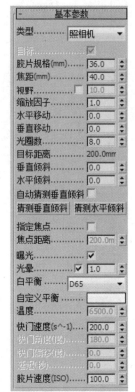

- 类型： VR-物理摄影机内置了3种类型的摄影机，用户可在这里进行选择。
- 目标： 勾选此选项，摄影机的目标点将放在焦平面上。
- 胶片规格： 控制摄影机看到的范围，数值越大，看到的范围也就越大。
- 焦距： 控制摄影机的焦距。
- 缩放因子： 控制摄影机视口的缩放。
- 光圈数： 用于设置摄影机光圈的大小。数值越小，渲染图片亮度越高。
- 目标距离： 摄影机到目标点的距离，默认情况下不启用此选项。
- 指定焦点： 开启该选项后，可以手动控制焦点。
- 焦点距离： 控制焦距的大小。
- 曝光： 勾选该选项后，光圈、快门速度和胶片感光度设置才会起作用。
- 光晕： 模拟真实摄影机的渐晕效果。
- 白平衡： 控制渲染图片的色偏。
- 快门速度： 控制进光时间，数值越小，进光时间越长，渲染图片越亮。
- 快门角度： 只有选择电影摄影机类型此项才激活，用于控制图片的明暗。
- 快门偏移： 只有选择电影摄影机类型此项才激活，用于控制快门角度的偏移。
- 延迟： 只有选择视频摄影机类型此项才激活，用于控制图片的明暗。
- 胶片速度： 控制渲染图片明暗。数值越大，表示感光系数越大，图片越亮。

知识链接 ▶ **VR-物理摄影机的应用**

VR-物理摄影机的功能非常强大，相对于3ds Max自带的目标摄影机而言，增加了很多优秀的功能，比如焦距、光圈、白平衡、快门速度、曝光等，这些参数与单反相机是非常相似的，因此想要熟练地应用VR-物理摄影机，可以适当掌握一些单反相机的相关知识。

---

2. 散景特效

散景特效常产生于夜晚，由于画面背景是灯光，可产生一个个彩色的光斑效果，同时还伴随一定的模糊效果。"散景特效"参数面板如右图所示。

- 叶片数：用于控制散景产生小圆圈的边，默认值为5，表示散景的小圆圈为正五边形。
- 旋转（度）：控制散景小圆圈的旋转角度。
- 中心偏移：控制散景偏移源物体的距离。
- 各向异性：控制散景各向异性，值越大，散景的小圆圈拉得越长，变成椭圆。

进阶案例 **VR-物理摄影机的使用**

通过对上述知识的学习与了解，接下来将通过具体实例来练习使用VR-物理摄影机，看一看与普通目标摄影机效果的区别，操作步骤如下。

01 打开已经创建好的餐厅场景，此时场景已将光源和材质设置完成，如下图所示。

02 在场景中创建一个镜头为24mm的目标摄影机并调整角度，如下图所示。

03 渲染目标摄影机视口，得到如下图所示的效果。

04 切换到VRay摄影机创建命令面板，在顶视口中创建一盏VR-物理摄影机，并调整其角度及位置，如下图所示。

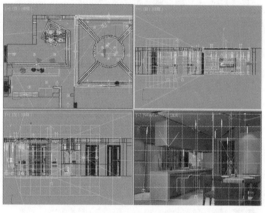

05 渲染摄影机视口，可以看到场景一片漆黑，如下图所示。

06 在"基本参数"卷展栏中设置摄影机参数，将"快门速度"设置为40，渲染VR-物理摄影机视口，可见渲染的图片亮度得到提高，但是整体仍然偏暗，如下图所示。

07 在"基本参数"卷展栏中将"光圈数"设置为4，渲染VR-物理摄影机视口，渲染的图片亮度得到再次提高，如下图所示。

08 在"基本参数"卷展栏中将"胶片速度"设置为200，渲染VR-物理摄影机视口，渲染效果又变亮了一些，如下图所示。

09 再综合进行调整，设置胶片规格、焦距及光圈数，如下图所示。

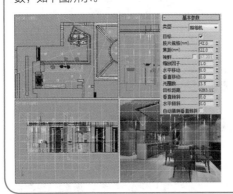

10 渲染VR-物理摄影机视口，渲染效果如下图所示。

进阶案例 **光晕效果的制作**

通过对上述知识的学习与了解，接下来我们将通过具体实例来运用VR-物理摄影机制作光晕效果，具体操作步骤如下。

01 打开素材文件，如下图所示。

02 在顶视图中创建一盏VR-物理摄影机，然后调整摄影机角度，如下图所示。

03 伞选摄影机,在前视图中调整摄影机高度位置,如下图所示。

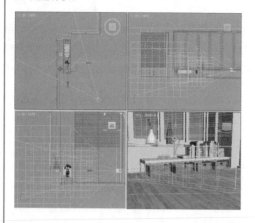

04 在透视视图中按C键切换到摄影机视口,如下图所示。

05 渲染场景,观察当前效果,如下图所示。

06 调整摄影机光圈数、快门速度以及胶片速度,其余参数保持默认,如下图所示。

07 再次渲染场景,效果如下图所示,可以看到场景变亮了一些。

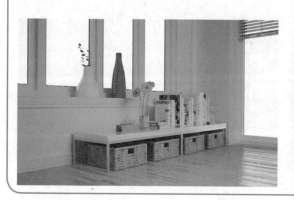

08 降低快门速度为40,再次对场景进行渲染。设置光晕值为6,再渲染场景,可以看到一个较为完整的光晕效果,如下图所示。

课后练习

一、选择题

1. 3ds Max 2016提供的摄影机类型包括（　　）。

　　A. 动画摄影机　　　　　　　　　　　　B. 目标摄影机

　　C. 自动摄影机　　　　　　　　　　　　D. 漫游摄影机

2. （　　）用于控制渲染图片明暗。数值越大，表示感光系数越大，图片也就越亮。

　　A. 胶片规格　　　　　　　　　　　　　B. 焦距

　　C. 快门速度　　　　　　　　　　　　　D. 胶片速度

3. 当发现自己精心设计的对象在放入场景后，造型失真或物体间的边界格格不入，其原因可能是（　　）。

　　A. 三维造型错误

　　B. 忽视了灯光环境与摄影机

　　C. 材质不是很好

　　D. 以上答案都不正确

4. 以下快捷键中不正确的是（　　）。

　　A. 移动工具W　　　　　　　　　　　　B. 材质编辑器M

　　C. 相机视图C　　　　　　　　　　　　D. 角度捕捉S

二、填空题

1. 在3ds Max中，_____是对象变换的一种方式，它像一个快速的照相机，能将运动的物体拍摄下来。摄影机默认的镜头长度是_____。

2. 在摄影机参数中用于控制镜头尺寸大小的是_____。

3. 默认情况下，摄影机移动时以_____为基准。

4. 摄影机支持_____、_____、控制RPF摄影机和同一场景中架设多架摄像机的效果。

三、操作题

用户课后可以创建一个场景练习摄影机的使用方法，创建时要分别运用3ds Max目标摄影机和VR-物理摄影机，场景参考效果如下图所示。

05

渲染参数设置

本章将全面讲解有关渲染的相关知识，如渲染命令、渲染类型以及各种渲染的关键设置。同时，还将对VRay渲染器的应用知识进行详细讲解。通过对本章内容的学习，读者可以掌握有关渲染的操作方法与技巧。

知识要点

① 渲染器的类型
② 3ds Max默认渲染器的设置
③ VRay渲染器的设置

上机安排

学习内容	学习时间
● 默认渲染器的设置	20分钟
● VRay渲染器的设置	20分钟
● 渲染简单场景	15分钟
● 渲染会客厅场景	25分钟

5.1 认识渲染器

渲染器可以通过对参数的设置，将设置好灯光、应用了材质及环境设置的场景，呈现出最终的效果。渲染器的种类较多，用户只需熟练使用好其中一款或两款渲染器即能够完成较为优秀的作品。

5.1.1 渲染的概念

使用Photoshop制作作品时，可以实时看到最终的效果，而3ds Max由于是三维软件，对系统要求很高，无法承受实时预览，这时就需要一个渲染步骤，才能看到最终效果。当然渲染不仅仅是单击渲染按钮这么简单，还需要适当的参数设置，使渲染的速度和质量都达到我们的需求。

5.1.2 渲染器类型

渲染器的类型很多，3ds Max自带了多种渲染器，分别是默认扫描线渲染器、NVIDIA iray渲染器、NVIDIA mental ray渲染器、Quick-silver硬件渲染器和VUE文件渲染器。除此之外，还有就很多外置的渲染器插件，比如VRay渲染器、Brazil渲染器等，如右图所示。

1. 默认扫描线渲染器

默认扫描线渲染器是一种多功能渲染器，可以将场景渲染为从上到下生成的一系列扫描线。默认扫描线渲染器的渲染速度是最快的，但是真实度一般。

2. NVIDIA iray渲染器

NVIDIA iray渲染器通过跟踪灯光路径来创建物理上的精确渲染。与其他渲染器相比，它几乎不需要进行设置，该渲染器的特点在于可以指定要渲染的时间长度、要计算的迭代次数，并且在启动渲染一段时间后，在对结果外观满意时可以将渲染停止。

3. NVIDIA mental ray渲染器

NVIDIA mental ray渲染器是一种通用渲染器，它可以生成灯光效果的物理校正模拟，包括光线跟踪反射和折射、焦散和全局照明。

4. Quicksilver硬件渲染器

Quicksilver硬件渲染器使用图形硬件生成渲染，其优点就是它的速度，默认设置提供快速渲染。

5. VUE文件渲染器

VUE文件渲染器可以创建VUE文件，该文件使用可编辑的ASCII格式。

6. VRay渲染器

VRay渲染器是渲染效果相对比较优质的渲染器，也是本书中重点讲解的渲染器。

5.1.3 渲染帧窗口

在3ds Max中进行渲染，都是通过"渲染帧窗口"来查看和编辑渲染结果的。3ds Max 2016的渲染帧窗口整合了相关的渲染设置，功能比以前的版本更加强大。下图所示为新的渲染帧窗口。

- 保存图像：单击该按钮，可保存在渲染帧窗口中显示的渲染图像。
- 复制图像：单击该按钮，可将渲染图像复制到系统后台的剪贴板中。

- 克隆渲染帧窗口：单击该按钮，将创建另一个包含显示图像的渲染帧窗口。
- 打印图像：单击该按钮，可调用系统打印机打印当前渲染图像。
- 清除：单击该按钮，可以将渲染图像从渲染帧窗口中删除。
- 颜色通道：可控制红、绿、蓝以及单色和灰色等颜色通道的显示。
- 切换UI叠加：激活该按钮后，当使用渲染范围类型时，可以在渲染帧窗口中渲染范围框。
- 切换UI：激活该按钮后，将显示渲染的类型、视口的选择等功能面板。

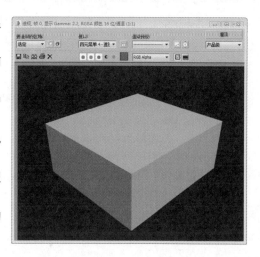

5.2 默认渲染器的设置

在"渲染设置"对话框中，除了提供输出的相关设置外，还可以对渲染工作流程进行全局控制，如更换渲染器、控制渲染内容等，同时还可以对默认的扫描线渲染器进行相关设置。

5.2.1 渲染选项

在"选项"选项组中，可以控制场景中的具体元素是否参与渲染，如大气效果或是渲染隐藏几何体对象等，如右图所示。

- 大气：勾选该复选框，将渲染所有应用的大气效果。
- 效果：勾选该复选框，将渲染所有应用的渲染效果。
- 置换：勾选该复选框，将渲染所有应用的置换贴图。
- 视频颜色检查：勾选该复选框，可检查超出NTSC或PAL安全阈值的像素颜色，标记这些像素颜色并将其改为可接受的值。
- 渲染为场：勾选该复选框，为视频创建动画时，将视频渲染为场。
- 渲染隐藏几何体：勾选该复选框，将渲染包括场景中隐藏几何体在内的所有对象。
- 区域光源/阴影视作点光源：勾选该复选框，将所有区域光源或阴影当作是从点对象所发出的进行渲染。
- 强制双面：勾选该复选框，可渲染所有曲面的两个面。
- 超级黑：勾选该复选框，可以限制用于视频组合的渲染几何体的暗度。

> **知识链接 渲染文件的保存**
> 在完成渲染后保存文件时，只能将其保存为各种位图格式，如果保存为视频格式，将只有一帧的画面。

5.2.2 抗锯齿过滤器

抗锯齿过滤器可以平滑渲染时产生的对角线或弯曲线条的锯齿状边缘。在最终渲染和需要保证图像质量的样图渲染时，都需要启用该选项。

3ds Max 2016共提供了多种抗锯齿过滤器，如下图所示。

- Blackman：清晰但没有边缘增强效果的25像素过滤器。
- Catmull-Rom：具有轻微边缘增强效果的25像素重组过滤器。
- Cook变量：一种通用过滤器。参数值在1~2.5之间可以使图像清晰；更高的值将使图像模糊。
- Mitchell-Netravali：两个参数的过滤器；在模糊、圆环化和各向异性之间交替使用。
- 混合：在清晰区域和高斯柔化过滤器之间混合。
- 立方体：基于立方体样条线的25像素模糊过滤器。
- 清晰四方形：来自Nelson Max的清晰9像素重组过滤器。
- 区域：使用可变大小的区域过滤器来计算抗锯齿。
- 柔化：可调整高斯柔化过滤器，用于适度模糊。
- 视频：针对NTSC和PAL视频应用程序进行了优化的25像素模糊过滤器。
- 图版匹配/MAX R2：使用3ds Max R2.x的方法（无贴图过滤），将摄影机和场景或无光/投影元素与未过滤的背景图像相匹配。
- 四方形：基于四方形样条线的9像素模糊过滤器。

5.3 VRay渲染器

VRay是最常用的外挂渲染器之一，支持的软件偏向于建筑和表现行业，如3ds Max、SketchUp、Rhino等软件。其渲染速度快、渲染质量高的特点已被大多数行业设计师所认同。

VRay渲染器是模拟真实光照的一个全局光渲染器，无论是静止画面还是动态画面，其真实性和可操作性都让用户为之惊讶。它具有对照明的仿真，以帮助作图者完成犹如照片般的图像；它可以表现出高级的光线追踪，以表现出表面光线的散射效果，动作的模糊化；除此之外，VRay还能带给用户很多让人惊叹的功能，它极快的渲染速度和较高的渲染质量，吸引了全世界的很多用户。

VRay渲染器设置面板中主要包括公用、V-Ray、GI、设置和Render Elements五个选项卡，如右图所示。

1. VRay全局光照引擎

VRay使用全局照明的算法对场景进行多次光线照明传播，使用不同的全局光照引擎，计算不同类型的场景，使渲染质量和渲染速度的控制上能达到理想的平衡。

- Irradiance map（发光图）：该全局光照引擎基于发光缓存技术，计算场景中某些特定点的间接照明，然后对其他点进行差值计算。
- Brute force（直接照明）：直接对每个着色点进行独立计算，虽然很慢，但这种引擎非常准确，特别适用于有许多细节的场景。
- Photon map（光子图）：是基于追踪从光源发射出来，并能在场景中来回反弹的光子，特别适用于存在大量灯光和较少窗户的室内或半封闭场景。
- Light cache（灯光缓存）：建立在追踪摄影机可见的光线路径基础上，每次光线反弹都会储存照明信息，与Photon map（光子图）类似，但具有更多的优点。

2. VRay灯光

VRay支持3ds Max的大多数灯光类型，但渲染器自带的VRayLight是VRay场景中最常用的灯光类型，该灯光可以作为球体、半球和面状发射光线。VRay灯光的面积越大、强度越高、距离对象越近，对象的受光越多。

> **知识链接** **关于灯光的介绍**
>
> 灯光的一种理论是将灯光看作称为光子的离散粒子，光子从光源发出直到遇到场景中的某一曲面，根据曲面的材质，一些光子被吸收而另一些光子则被散射回环境中。

3. VRay材质

VRay材质通过颜色来决定对光线的反射和折射程度，同时也提供了多种材质类型和贴图，使渲染后的场景效果在细节上的表现更完美。

5.3.1 控制选项

在"渲染设置"对话框的顶部会有一些控制选项，如"目标"、"预设"、"渲染器"以及"查看到渲染"，它们可应用于所有渲染器，具体介绍如下。

1. "目标"下拉列表

该选项用于选择不同的渲染选项，如右图所示。

- 产品级渲染模式（默认设置）：当处于活动状态时，单击"渲染"按钮可使用产品级模式。
- 迭代渲染模式：当处于活动状态时，单击"渲染"按钮可使用迭代模式。
- ActiveShade模式：当处于活动状态时，单击"渲染"按钮可使用ActiveShade模式。
- A360云渲染模式：打开A360云渲染的控制。
- 提交到网络渲染：将当前场景提交到网络渲染。选择此选项后，3ds Max将打开"网络作业分配"对话框。此选择不影响"渲染"按钮本身的状态，您仍可以使用"渲染"按钮启动产品级、迭代或ActiveShade渲染。

| 产品级渲染模式 |
| 迭代渲染模式 |
| ActiveShade 模式 |
| A360 云渲染模式 |
| 提交到网络渲染... |

2. "预设"下拉列表

用于选择预设渲染参数集，或加载或保存渲染参数设置。

3. "渲染器"下拉列表

可以选择处于活动状态的渲染器，这是使用"指定渲染器"卷展栏选择渲染器的一种替代方法。

4. "查看到渲染"下拉列表

当单击"渲染"按钮时，将显示渲染的视口。要指定渲染的不同视口，可从该列表中选择所需视口，或在主用户界面中将其激活。该下拉列表中包含所有视口布局中可用的所有视口，每个视口都先列出了布局名称，如右图所示。如果"锁定到视口"处于关闭状态，则激活主界面中不用的视口会自动更新该设置。

若启用锁定到视口时，则会将视图锁定到"视口"列表中显示的一个视图，从而可以调整其他视口中的场景（这些视口在使用时处于活动状态），然后单击"渲染"按钮即可渲染最初选择的视口；如果仅用

| 四元菜单 4 - 顶 |
| 四元菜单 4 - 前 |
| 四元菜单 4 - 左 |
| 四元菜单 4 - 透视 |

此选项，单击"渲染"按钮将始终渲染活动视口。

5.3.2 帧缓冲区

帧缓冲区用来设置VRay自身的图形帧渲染窗口，可以设置渲染图的大小以及保存渲染图形，其参数界面如右图所示。其中的具体参数含义介绍如下。

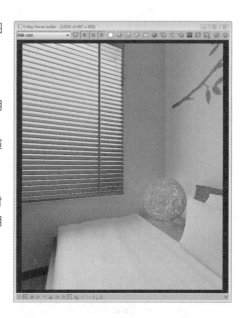

- 启用内置帧缓冲区：勾选该复选框时，用户就可以使用VRay自身的渲染窗口。同时要注意，应该把3ds Max默认的渲染窗口关闭，即把"公用参数"卷展栏下的"渲染帧窗口"功能禁用。
- 显示最后的虚拟帧缓冲区：单击此按钮，可以看到上次渲染的图形。
- 内存帧缓冲区：启用时，软件将显示VRay帧缓冲器，禁用则不显示。
- 从MAX获取分辨率：启用时，渲染输出图像的尺寸将为3ds Max默认设置的尺寸大小。
- V-Ray Raw图像文件：勾选该选项时，VRay将图像渲染为vrimg格式的文件。
- 单独的渲染通道：勾选该选项后，可以保存RGB图像通道或者Alpha通道。

5.3.3 帧缓冲器

相对于VRay帧缓冲区的是VRay帧缓冲器，其界面如右图所示。

- RGB颜色通道：从左往右依次是红色通道、绿色通道、蓝色通道、Alpha通道和灰色显示通道。
- 保存渲染图像：单击该按钮会弹出保存图像的对话框，用户可在其中选择需要的图片格式和分辨率。
- 删除渲染图片：单击该按钮可以将VRay帧缓冲器中的渲染图像清除，同时图像在内存中也被删除。
- 复制按钮：单击此按钮可以将渲染完毕的图像进行复制。
- 渲染鼠标所指的区域：当鼠标光标放置在某个位置的时候，该位置将会被优先渲染。在测试渲染的时候经常会用到这个工具。

5.3.4 全局开关

该卷展栏主要是对场景中的灯光、材质、置换等进行全局设置，比如是否使用默认灯光、是否打开阴影、是否打开模糊等。其参数面板如下图所示。

- 置换：用于控制场景中的置换效果是否打开。在VRay的置换系统中，一共有两种置换方式：一种是材质的置换；另一种是VRay置换的修改器方式。当取消勾选该项时，场景中的这两种置换都不会有效果。
- 强制背面消隐：与"创建对象时背面消隐"选项相似，"强制背面消隐"是针对渲染而言的，勾选该选项后反法线的物体将不可见。
- 灯光：勾选此项时，VRay将渲染场景的光影效果，反之则不渲染。默认为勾选状态。

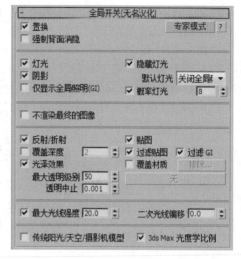

- 默认灯光：选择"开"时，VRay将会对软件默认提供的灯光进行渲染；选择"关闭全局照明"选项则不渲染。
- 隐藏灯光：用于控制场景是否让隐藏的灯光产生照明。
- 阴影：用于控制场景是否产生投影。
- 仅显示全局照明：当此选项勾选时，场景渲染结果只显示GI的光照效果。尽管如此，渲染过程中也是计算了直接光照。
- 概率灯光：控制场景是否使用3ds Max系统中的默认光照，一般情况下都不勾选。
- 反射/折射：用于控制是否打开场景中材质的反射和折射效果。
- 覆盖深度：用于控制整个场景中的反射、折射的最大深度，其后面的输入框中的数值表示反射、折射的次数。
- 光泽效果：是否开启反射或折射模糊效果。
- 过滤贴图：这个选项用来控制VRay渲染器是否使用贴图纹理过滤。
- 过滤GI：控制是否在全局照明中过滤贴图。
- 覆盖材质：用于控制是否给场景赋予一个全局材质。单击右侧按钮，选择一个材质后，场景中所有的物体都将使用该材质渲染。在测试灯光时，这个选项非常有用。

5.3.5 图像采样器

在VRay渲染器中，图像采样器（抗锯齿）是指采样和过滤的一种算法，并产生最终的像素数组来完成图形的渲染。VRay渲染器提供了几种不同的采样算法，尽管会增加渲染时间，但是所有的采样器都支持3ds Max 2016的抗锯齿过滤算法。可以在"固定"采样器、"自适应"采样器和"自适应细分"、"渐进"采样器中根据需要选择一种进行使用。该卷展栏用于设置图像采样和抗锯齿过滤器类型，其界面如右图所示。

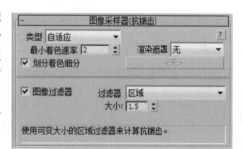

- 类型：设置图像采样器的类型，包括固定、自适应、自适应细分以及渐进。
- 划分着色细分：当关闭抗锯齿过滤器时，常用于测试渲染，渲染速度非常快，但质量较差。
- 图像过滤器：设置渲染场景的抗锯齿过滤器。

知识链接 **关于类型的介绍**

固定：对每个像素使用一个固定的细分值。

自适应：可以根据每个像素以及与它相邻像素的明暗差异，使不同像素使用不同的样本数量。

自适应细分：适用在没有或者有少量的模糊效果的场景中，这种情况下，它的渲染速度最快。

渐进：这个采样器可以适合渐进的效果，是新增的一个种类。

5.3.6 全局确定性蒙特卡洛

"全局确定性蒙特卡洛"采样器可以说是VRay渲染器的核心，贯穿于每一种"模糊"计算中（抗锯齿、景深、间接照明、面积灯光、模糊反射/折射、半透明、运动模糊等），一般用于确定获取什么样的样本，最终哪些样本被光线追踪。与那些任意一个"模糊"计算使用分散的方法来采样不同的是，VRay渲染器根据一个特定的值，使用一种独特的统一的标准框架来确定有多少以及多精确的样本被获取，这个标准框架就是"全局确定性蒙特卡洛"采样器。其参数面板如右图所示。

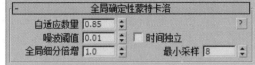

- 自适应数量：用于控制重要性采样使用的范围。默认值为1，表示在尽可能大的范围内使用重要性采样，为0时，则表示不进行重要性采样。
- 噪波阈值：在计算一种模糊效果是否足够好的时候，控制VRay的判断能力。在最后的结果中直接转化为噪波。
- 全局细分倍增：在渲染过程中这个选项会倍增任何地方任何参数的细分值。可以使用这个参数来快速增加或减少任何地方的采样质量。
- 最小采样：确定在使用早期终止算法之前必须获得的最少的样本数量。较高的取值将会减慢渲染速度，但同时会使早期终止算法更可靠。

5.3.7 颜色贴图

该卷展栏下的参数用来控制整个场景的色彩和曝光方式，其参数设置面板如右图所示。

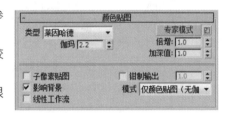

- 类型：包括线性倍增、指数、HSV指数、强度指数、伽玛校正、强度伽玛、莱因哈德7种模式。
- 子像素贴图：勾选该项后，物体的高光区与非高光区的界限处不会有明显的黑边。
- 钳制输出：勾选该项后，在渲染图中有些无法表现出来的色彩会通过限制来自动纠正。
- 影响背景：控制是否让曝光模式影响背景。当关闭该选项时，背景不受曝光模式的影响。
- 线性工作流：该选项就是一种通过调整图像的灰度值，来使得图像得到线性化显示的技术流程。

知识链接 ▶ 颜色贴图类型介绍

线性倍增：这种模式将基于最终色彩亮度来进行线性的倍增，容易产生曝光过度效果，不建议使用。

指数：这种曝光采用指数模式，可以降低靠近光源处表面的曝光过度效果，产生柔和效果。

HSV指数：与指数相似，不同之处在于可保持场景的饱和度。

强度指数：这种方式是对上面两种指数曝光的结合，既抑制曝光过度效果，又保持物体的饱和度。

伽玛校正：采用伽玛来修正场景中的灯光衰减和贴图色彩，其效果和线性倍增曝光模式类似。

强度伽玛：这种曝光模式不仅拥有伽玛校正的优点，同时还可以修正场景灯光的亮度。

莱因哈德：这种曝光方式可以把线性倍增和指数曝光混合起来。

下图所示为指数类型渲染效果和莱因哈德类型渲染效果的对比。

5.3.8 全局照明

在修改VRay渲染器时，首先要开启全局照明，这样才能得到真实的渲染效果。开启GI后，光线会在物体与物体之间互相反弹，因此光线计算会更准确，图像也更加真实，参数设置面板如右图所示。

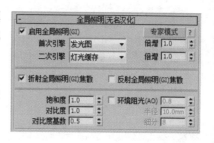

- 启用全局照明：勾选该选项后，将会开启GI效果。
- 首次引擎/二次引擎：VRay计算的光的方法是真实的，光线发射出来后进行反弹，然后再进行反弹。
- 倍增：控制"首次引擎"和"二次引擎"的光的倍增值。
- 折射全局照明焦散：控制是否开启折射焦散效果。
- 反射全局照明焦散：控制是否开启反射焦散效果。
- 饱和度：可以控制色溢，降低该数值可以降低色溢效果。
- 对比度：控制色彩的对比度。
- 对比度基数：控制饱和度和对比度的基数。
- 环境阻光：用于打开或关闭环境阻光。
- 半径：控制环境阻光的半径。
- 细分：设置环境阻光的细分。

5.3.9 发光图

当"全局照明引擎"的类型改为"发光图"时，软件便出现"发光图"卷展栏。它描述了三维空间中的任意一点以及全部可能照射到这点的光线。参数设置面板如右图所示。

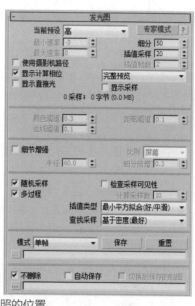

- 当前预设：设置发光图的预设类型，共有8种，分别是自定义、非常低、低、中、中-动画、高、高-动画、非常高。
- 最小/最大速率：主要控制场景中比较平坦、面积比较大、细节比较多、弯曲较大的面的受光质量。
- 细分：数值越高，表现光线越多，精度也就越高，渲染的品质也越好。
- 插值采样：这个参数是对样本进行模糊处理，数值越大渲染越精细。
- 插值帧数：该数值用于控制插补的帧数。
- 使用摄影机路径：勾选该选项将会使用摄影机的路径。
- 显示计算相位：勾选后，可以看到渲染帧里的GI预算过程，建议勾选。
- 显示直接光：在预计算的时候显示直接光，方便用户观察直接光照的位置。
- 显示采样：显示采样的分布以及分布的密度，帮助用户分析GI的精度够不够。
- 细节增强：勾选后细节非常精细，但是渲染速度非常慢。
- 多过程：勾选该选项时，VRay会根据最大比率和最小比率进行多次计算。
- 模式：一共有8种模式。
- 不删除：当光子渲染完以后，不把光子从内存中删掉。
- 自动保存：光子渲染完以后，自动保存在硬盘中。
- 切换到保存的贴图：勾选了"自动保存"选项后，在渲染结束时会自动进入"从文件"模式并调用光子图。

单帧：一般用来渲染静帧图像。

多帧增量：用于渲染有摄影机移动的动画，当VRay计算完第一帧的光子后，后面的帧根据第一帧里没有的光子信息进行计算，节约了渲染时间。

从文件：渲染完光子后，可以将其保存起来，这个选项就是调用保存的光子图进行动画计算。

添加到当前贴图：当渲染完一个角度的时候，可以把摄影机转一个角度再计算新角度的光子，最后把这两次的光子叠加起来，这样的光子信息更加丰富准确，可以进行多次叠加。

增量添加到当前贴图：这个模式和"添加到当前贴图"相似，只不过它不是重新计算新角度的光子，而是只对没有计算过的区域进行新的计算。

块模式：把整个图分成块来计算，渲染完一个块再进行下一个块的计算，在低GI的情况下，渲染出来的块会出现错位的情况。该模式主要用于网络渲染，速度比其他模式要快一些。

动画（预通过）：适合动画预览，使用这种模式要预先保存好光子贴图。

动画（渲染）：适合最终动画渲染，这种模式要预先保存好光子贴图。

5.3.10 灯光缓存

当"全局照明引擎"的类型改为"灯光缓存"时，软件便会出现"灯光缓存"卷展栏。它采用了发光贴图的部分特点，在摄像机可见部分跟踪光线的发射和衰减，然后把灯光信息存储在一个三维数据结构中。参数设置面板如右图所示。

- 细分：用来决定灯光缓存的样本数量。数值越高，样本总量越多，渲染效果越好，渲染速度越慢。
- 采样大小：控制灯光缓存的样本大小，小的样本可以得到更多的细节，但是需要更多的样本。
- 比例：在效果图中使用"屏幕"选项，在动画中使用"世界"选项。
- 存储直接光：勾选该选项后，灯光缓存将储存直接光照信息。当场景中有很多灯光时，使用该选项会提高渲染速度。
- 使用摄影机路径：勾选该选项后，将使用摄影机作为计算的路径。
- 显示计算相位：勾选该选项后，可以显示灯光缓存的计算过程，方便观察。
- 自适应跟踪：这个选项的作用在于记录场景中的灯光位置，并在光的位置上采用更多的样本，同时模糊特效也会处理得更快，但是会占用更多的内存资源。
- 预滤器：勾选该选项后，可以对灯光缓存的样本进行提前过滤，主要是查找样本边界，然后对其进行模糊处理。后面的值越高，对样本处理的程度越深。
- 使用光泽光线：控制是否使用平滑的灯光缓存，开启该选项后会使渲染效果更佳平滑，但是会影响到细节效果。
- 过滤器：该选项用于在渲染最后成图时，对样本进行过滤。

5.3.11 系统

该卷展栏下的参数不仅对渲染速度有影响，而且还会影响渲染的显示和提示功能，同时还可以完成联机渲染。参数设置面板如下图所示。

- 渲染块宽度/高度：表示宽度/高度方向的渲染块的尺寸。
- 序列：控制渲染块的渲染顺序，共有6种方式。
- 反向排序：勾选该选项后，渲染顺序将和设定的顺序相反。
- 动态内存限制：控制动态内存的总量。

- 最大树向深度：控制根节点的最大分支数量，较高的值会加快渲染速度，同时会占用较多的内存。
- 最小叶片尺寸：控制叶节点的最小尺寸，当达到叶节点尺寸以后，系统停止计算场景。
- 面/级别系数：控制一个节点中的最大三角面数量，当未超过临近点时计算速度快。
- 使用高性能光线跟踪：控制是否使用高性能光线跟踪。
- 帧标记：勾选该选项后，就可以显示水印。
- 低线程优先权：勾选该选项时，VRay将使用低线程进行渲染。
- 检查缺少文件：勾选该选项时，VRay会寻找场景中丢失的文件，保存到C:\VRayLog.txt中。
- 优化大气求值：当场景中大气比较稀薄的时候，勾选这个选项可以得到比较优秀的大气效果。

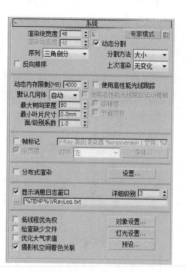

进阶案例 渲染简单场景效果

在学习了前面内容后，接下来将通过一个具体的渲染实例来讲解VRay渲染器的使用方法，通过渲染效果观察3ds Max默认扫描线渲染器与VRay渲染器渲染效果的区别，具体操作过程介绍如下。

01 打开素材文件，效果如下图所示。

02 渲染场景，可观察到默认扫描线渲染器的渲染效果，如下图所示。

03 在"渲染设置"窗口中，更换渲染器为VRay渲染器，如右图所示。

04 在"顶"视口中进行日光的创建，创建效果如下图所示。

05 打开"渲染设置"窗口，切换到"全局照明"选项卡中，开启全局光照引擎，并设置二次引擎为"灯光缓存"，如下图所示。

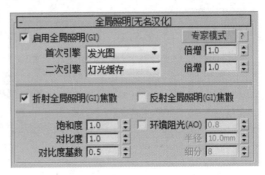

06 在"发光图"卷展栏中设置发光图质量参数，如下图所示。

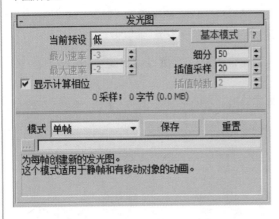

07 展开"灯光缓存"卷展栏，在其中设置灯光缓存参数，如下图所示。

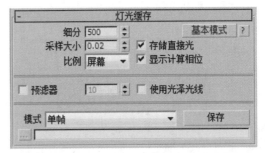

08 渲染场景，可观察到应用全局光照后场景得到更好的照明效果，生成柔和的阴影，如下图所示。

09 切换到V-Ray选项卡，展开"颜色贴图"卷展栏，设置所需的曝光参数，如下图所示。

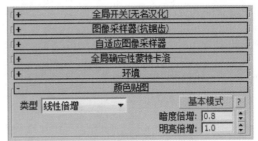

⑩ 渲染场景，可观察到设置VRay曝光参数后的效果，如下图所示。

⑪ 在"图像采样器"卷展栏中，选择图像的采样类型并启用抗锯齿过滤器，如下图所示。

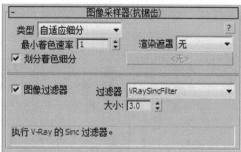

⑫ 再次渲染场景，可观察到设置较高的图像采样质量参数后，获到了较好的画面效果，如右图所示。

知识链接 **VRay的曝光方式**

VRay的曝光方式包括线性曝光、指数曝光等多种，主要用于控制场景中较暗或较亮区域的明度。

⑬ 可以看到此时场景中的光线仍然较强，对天光参数进行调整，如下图所示。

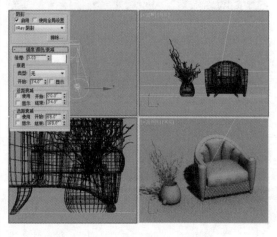

⑭ 再次渲染场景，可观察到调整后的效果，如下图所示。

进阶案例 渲染书房场景效果

　　本章中概念和理论方面的知识较多，用户可以结合实际中的东西多做测试，将理论和实际联系起来，真正掌握参数的内在含义。这里利用一个小场景的渲染来介绍一下VRay渲染器的使用。

01 打开模型实例，此时灯光、材质、摄影机等已经创建完毕，如下图所示。

02 在未设置渲染器的情况下渲染摄影机视口，效果如下图所示。

03 执行"渲染>渲染设置"命令，打开"渲染设置"窗口，在"V-Ray"选项卡中打开"帧缓冲区"卷展栏，取消勾选"启用内置帧缓冲区"，如下图所示。

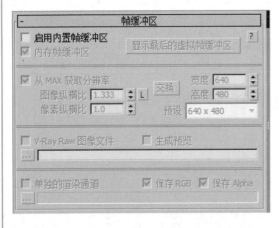

04 再次渲染摄影机视口，效果如下图所示。

05 打开"颜色贴图"卷展栏，设置颜色贴图类型为指数，并设置暗度倍增值与明亮倍增值，如下图所示。

06 在"GI"选项卡中的"全局照明"卷展栏中启用全局照明，设置二次引擎为"灯光缓存"，如下图所示。

07 在"发光图"卷展栏中设置当前预设模式为"非常低"，并设置细分值与插值采样值，如下图所示。

08 在"灯光缓存"卷展栏中设置细分值等参数，如下图所示。

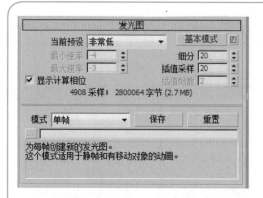

09 渲染摄影机视图，此为测试效果，如下图所示。

10 下面来进行最终效果的渲染设置，设置出图大小，如下图所示。

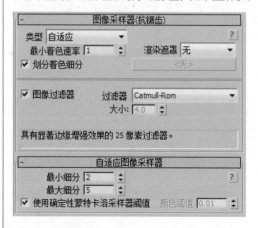

11 在"图像采样器"卷展栏中设置图像过滤器类型为"Catmull-Rom"；在"自适应图像采样器"卷展栏中设置最大细分值和最小细分值，如下图所示。

12 在"全局确定性蒙特卡洛"卷展栏中设置噪波阈值，并勾选"时间独立"选项；在"环境"卷展栏中勾选"全局照明环境"选项，如下图所示。

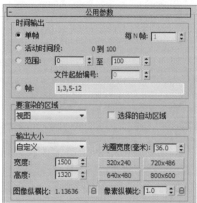

13 在"发光图"卷展栏中设置预设类型，并设置细分值及插值采样值，如下图所示。

14 在"灯光缓存"卷展栏中设置细分值等参数，如下图所示。

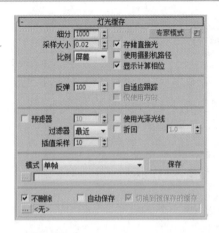

15 在"设置"选项卡的"系统"卷展栏中设置渲染块宽度值为64，并设置序列类型为"上->下"，如下图所示。

16 渲染摄影机视图，最终效果如下图所示。

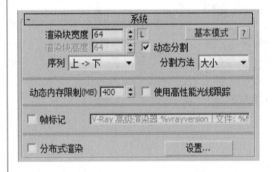

课后练习

一、选择题

1. 快速渲染的快捷键是（　　）。
   A. F10　　　　　　　　　　　　　B. F9
   C. F8　　　　　　　　　　　　　 D. F7

2. 以下（　　）贴图方式适用于墙面贴图。
   A. 长方体　　　　　　　　　　　　B. 平面
   C. 柱形　　　　　　　　　　　　　D. 球形

3. "渲染设置"窗口中如果要对模型进行静帧图像渲染应该选择（　　）项。
   A. 帧　　　　　　　　　　　　　　B. 单帧
   C. 活动时间段　　　　　　　　　　D. 范围

4. Camera视窗表的是（　　）。
   A. 透视视图　　　　　　　　　　　B. 用户视图
   C. 摄影机视图　　　　　　　　　　D. 顶视图

5. 以下（　　）为3ds Max默认的渲染器。
   A. 扫描线　　　　　　　　　　　　B. Brazil
   C. VRay　　　　　　　　　　　　 D. Insight

二、填空题

1. 渲染的快捷键有＿＿＿＿＿、＿＿＿＿＿两种。

2. 渲染的种类有＿＿＿＿＿、渲染上次、＿＿＿＿＿、浮动渲染。

3. 单独指定要渲染的帧数应使用＿＿＿＿＿。

4. 在渲染输出之前，要先确定好将要输出的视图。渲染出的结果建立在＿＿＿＿＿的基础之上。

5. 渲染时，不能看到大气效果的是＿＿＿＿＿视图和顶视图。

三、上机题

利用本章所学的知识，渲染如下图所示的场景。

Chapter

06

日光效果表现实例

本案例讲述的是一个日光场景的制作过程，包括摄影机的创建、材质的创建、室内外光源的创建以及渲染参数设置，包括最后对效果图的后期处理，其目的就是让读者对此类效果图的制作流程有一个整体的把握。

通过本章案例的学习，读者可以掌握室外阳光的设置方法、筒灯光源的创建以及灯带光源的创建等知识。

知识要点

① 摄影机的创建
② 主要材质的设置
③ 场景灯光的设置
④ 渲染参数的设置
⑤ 后期处理

6.1 案例分析

　　本场景是一个接待大厅空间，由于有一个很大面积的落地窗，因而光源充足，这里要表现的是白天的日光效果。

　　在阳光的照射下，地砖、木材质以及落地窗旁边的休闲座椅都产生了一定的反射光芒。下图所示为白膜效果和最终渲染效果。

6.2 创建摄影机

　　本场景的模型及材质是制作好的，这一步首先要进行摄影机的创建，以便于后面的操作。摄影机的架设是效果图制作中很关键的一步，这关系到效果图制作过程中场景的观察以及最后效果图的美感。

步骤01 打开场景文件，效果如下图所示。

步骤02 在顶视图中创建一盏目标摄影机，效果如下图所示。

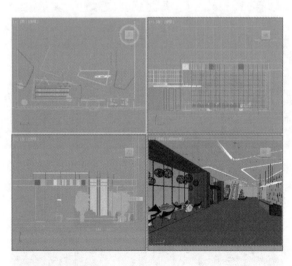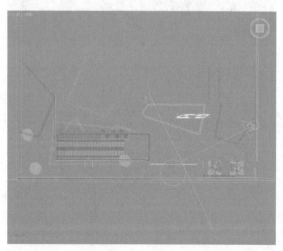

步骤03 设置摄影机参数，再调整摄影机角度及位置，如下图所示。

步骤04 调整摄影机镜头，再设置摄影机参数，如下图所示。

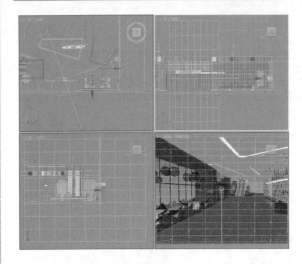

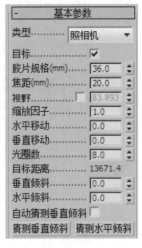

步骤05 切换到透视视口，再按键盘上的C键切换到摄影机视口，如下图所示。

步骤06 设置图像输出尺寸，如下图所示。

步骤07 在摄影机视口中按Shift+F组合键，可以使摄影机视口以安全框尺寸显示，如右图所示。

6.3 设置主要材质

　　材质的表现是模型中重要的环节，其通过光源表现质感，同时也可表现光线照射到物体上的效果。日光场景中，表现最为突出的就是地砖材质、木纹理材质以及休闲座椅材质，它们在阳光照射下质感非常强烈，这里就对几个主要材质的设置进行介绍。

步骤01 设置乳胶漆材质。按M键打开材质编辑器，选择一个空白材质球，设置为VRayMtl材质，设置漫反射颜色为白色，其余设置保持默认，如下图所示。

步骤02 设置好的乳胶漆材质球如下图所示。

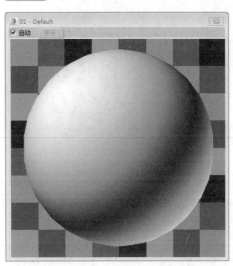

步骤03 设置地砖材质。选择一个空白材质球，设置为VRayMtl材质，为漫反射通道添加位图贴图，设置反射颜色及反射参数，如下图所示。

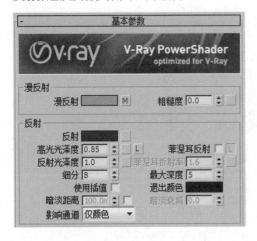

步骤04 为漫反射通道添加的位图贴图如下图所示。

步骤05 反射颜色参数设置如右图所示。

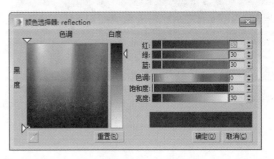

步骤06 设置好的地砖材质球如下图所示。

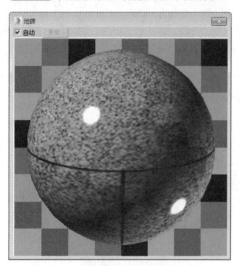

步骤07 设置木纹理材质。选择一个空白材质球，设置为VRayMtl材质，为漫反射通道添加位图贴图，设置反射颜色及反射参数，如下图所示。

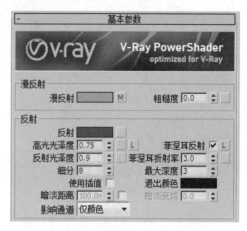

步骤08 为漫反射通道添加的位图贴图如下图所示。

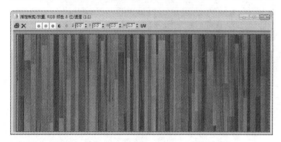

步骤09 反射颜色参数设置如下图所示。

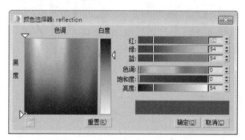

步骤10 设置好的木纹理材质球如下图所示。

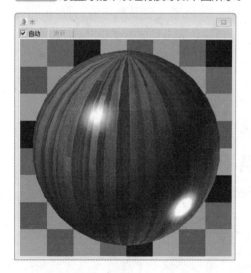

步骤11 设置窗框不锈钢材质。选择一个空白材质球，设置为VRayMtl材质，设置漫反射颜色和反射颜色，再设置反射参数，如下图所示。

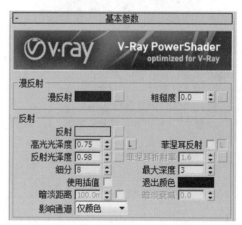

步骤12 漫反射颜色及反射颜色设置如下图所示。

步骤13 在"双向反射分布函数"卷展栏中设置各向异性参数及旋转参数，如下图所示。

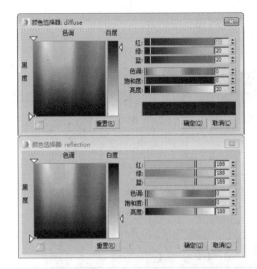

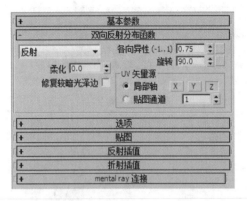

步骤14 设置好的不锈钢材质球如下图所示。

步骤15 设置黑色塑料材质。选择一个空白材质球，设置为VRayMtl材质，设置漫反射颜色及反射颜色，再设置反射参数，如下图所示。

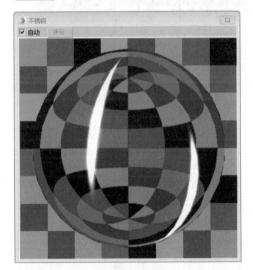

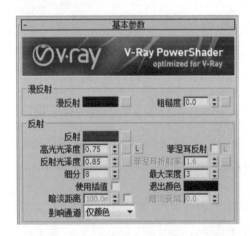

步骤16 漫反射颜色及反射颜色设置如下图所示。

步骤17 设置好的黑色塑料材质球如下图所示。

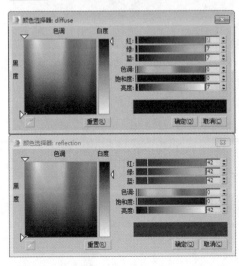

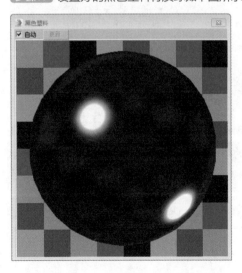

步骤18 设置白色塑料材质。选择一个空白材质球，设置为VRayMtl材质，设置漫反射颜色和反射颜色都为白色，再设置反射参数，如下图所示。

步骤19 设置好的白色塑料材质球如下图所示。

6.4 设置场景灯光

　　本场景要表现的是上午的日光照射效果，在落地窗的影响下，室内受太阳光和天光影响较大，室内的筒灯和壁灯仅起到辅助作用。

6.4.1 设置室外场景及阳光光源

　　太阳光源是本场景中的主要光源来源，这里利用目标平行光来表现太阳光效果，具体操作步骤如下。

步骤01 在顶视图中绘制一条弧线，如下图所示。

步骤02 将其转换为可编辑样条线，进入"样条线"子层级，设置轮廓值为50，如下图所示。

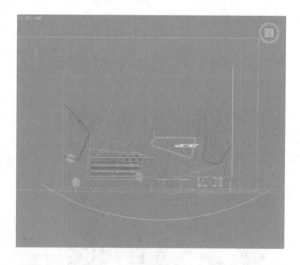

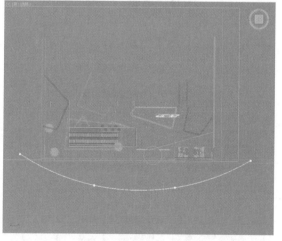

步骤03 为其添加挤出修改器，设置挤出值为15000，调整模型位置，如下图所示。

步骤04 按M键打开材质编辑器，选择一个空白材质球，设置为VR灯光材质；设置强度值为2，再添加位图贴图，如下图所示。

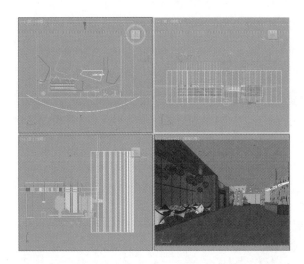

参数

V-Ray PowerShader
optimized for V-Ray

颜色： 2.0 ↕ 16b3fd2fc83f5cd7887dda.jpg) ☑
不透明度： 无 ☑
☐ 背面发光
☐ 补偿摄影机曝光
☐ 倍增颜色的不透明度
置换：1.0 ↕ 无 ☑
直接照明
☐ 开 细分：8 ↕ 中止：0.001 ↕

+ mental ray 连接

步骤05 添加的位图贴图如下图所示。

步骤06 设置好的室外场景材质如下图所示。

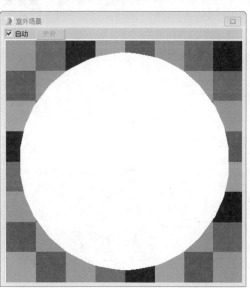

步骤07 将材质指定给刚才创建的模型，如下图所示。

步骤08 渲染场景，效果如下图所示。

步骤09 在顶视图中创建一盏目标平行光,效果如下图所示。

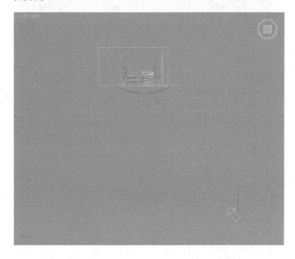

步骤10 开启"VR-阴影",然后设置平行光参数,如下图所示。

步骤11 调整灯光角度及位置,如下图所示。

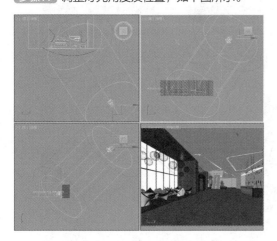

步骤12 渲染场景,效果如下图所示。

步骤13 调整灯光强度,如下图所示。

步骤14 渲染场景,效果如下图所示。

步骤15 调整灯光颜色，颜色参数设置如右图所示。

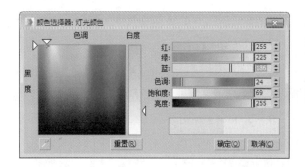

步骤16 调整VR阴影参数，如下图所示。

步骤17 渲染场景，效果如下图所示，受到室外淡黄色阳光的影响，室内场景也被染上淡淡的黄色。

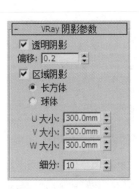

6.4.2 设置天光

本场景中有较多的落地窗，因此天光对场景的影响也很大，这里利用浅蓝色的VR灯光来模拟天光光源效果，具体操作步骤如下。

步骤01 在前视图中创建一盏VR灯光，如下图所示。

步骤02 调整灯光位置，如下图所示。

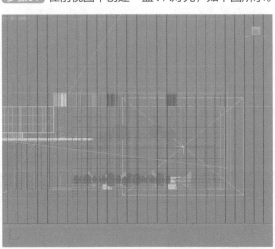

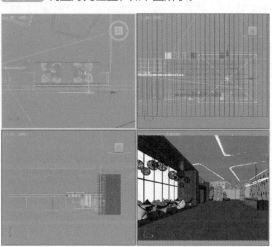

步骤03 调整灯光尺寸及选项参数，如下图所示。

步骤04 渲染场景效果如下图所示，场景曝光过度。

步骤05 调整灯光强度，如下图所示。

步骤06 渲染场景，效果如下图所示。

步骤07 调整灯光颜色为浅蓝色，再设置采样细分值，如下图所示。

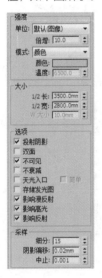

步骤08 灯光颜色参数设置如下图所示。

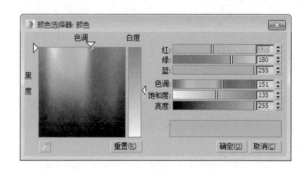

步骤09 渲染场景，可以看到场景淡蓝色的天光冲淡了浅黄色的太阳光，场景表现出浅蓝色的色调，如下图所示。

步骤10 实例复制灯光，调整位置，如下图所示。

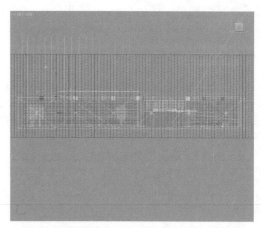

步骤11 渲染场景，效果如右图所示。

6.4.3 设置筒灯光源

　　室外太阳光源和天光的影响较大，削弱了室内光源的影响。这里的筒灯光源设置为暖黄色，可以中和蓝色的室外天光光源，下面介绍操作过程。

步骤01 在顶视图中创建目标灯光，调整到合适的位置，如右图所示。

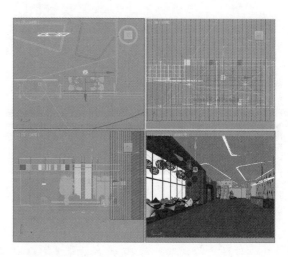

步骤02 开启"VR-阴影",设置灯光分布类型为"光度学Wcb",并添加光域网文件,如下图所示。

步骤03 复制灯光,并调整电梯位置的灯光高度,如下图所示。

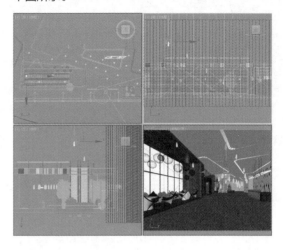

步骤04 渲染场景,效果如下图所示,可以看到场景亮度并未增加很多。

步骤05 调整灯光强度以及灯光颜色,如下图所示。

步骤06 灯光颜色参数设置如下图所示。

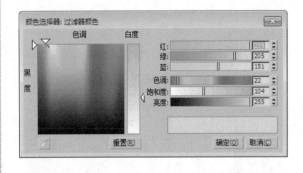

步骤07 再次渲染场景,效果如下图所示。

6.4.4 设置接待台光源

接待台光源是场景中需要被稍微提亮的一处，包括吊灯光源和接待台的灯带光源效果，其作用仅为点缀，具体操作步骤介绍如下。

步骤01 在顶视图中创建一盏VR灯光，调整灯光位置，如下图所示。

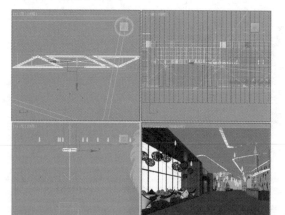

步骤02 勾选选项参数，设置灯光大小，如下图所示。

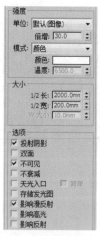

步骤03 渲染场景，效果如下图所示。

步骤04 调整灯光强度及采样细分值，如下图所示。

步骤05 再次渲染场景，效果如右图所示。

步骤06 下面制作接待台中的灯带光源。继续创建 VR灯光，调整到合适位置，如下图所示。

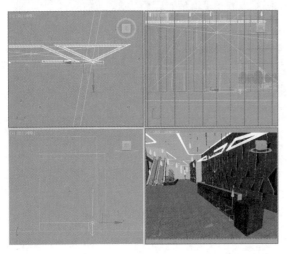

步骤07 复制灯光，如下图所示。

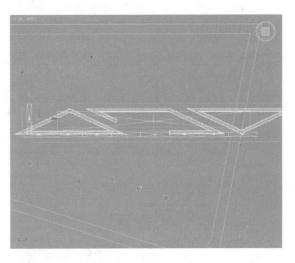

步骤08 渲染场景，效果如下图所示。

步骤09 调整灯光强度及灯光颜色，如下图所示。

步骤10 灯光颜色参数设置如下图所示。

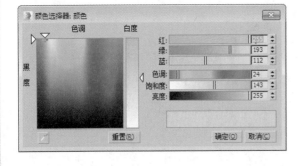

步骤11 再次渲染场景，效果如下图所示。

6.4.5 设置壁灯光源

　　场景中的壁灯可见的只有三处，这是与其他光源不太相同的光源，其光源强度较高，但是影响范围很小，且光源颜色浓烈。下面介绍具体的设置步骤。

步骤01 创建球形VR灯光，移动到壁灯位置，如下图所示。

步骤02 渲染场景，效果如下图所示。

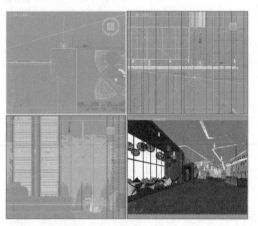

步骤03 调整灯光强度及颜色，如下图所示。

步骤04 灯光颜色参数设置如下图所示。

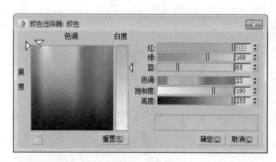

步骤05 渲染场景，壁灯光源效果如右图所示。

步骤06 复制灯光,然后再次渲染场景,效果如右图所示。

6.4.6 添加补光

场景中的对象是大小不一的,这样会导致一些高度较低的物体接收不到主光源发出的光线,此时在主光源下添加一个补充光源就能很好地解决这一照明不足的问题,具体操作步骤如下。

步骤01 在顶视图中创建一盏VR灯光,调整灯光尺寸,再调整灯光位置,如下图所示。

步骤02 实例复制灯光,然后调整到合适位置,如下图所示。

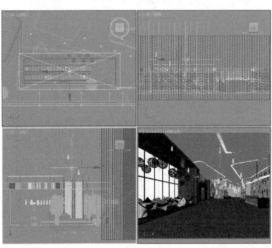

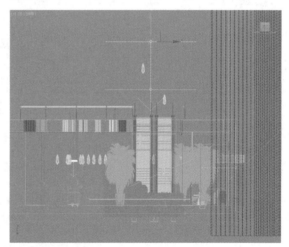

步骤03 调整灯光强度,然后设置灯光的颜色,如右图所示。

步骤04 灯光颜色参数设置如下图所示。

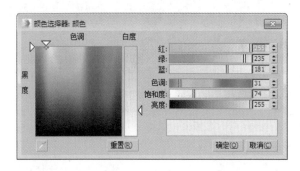

步骤05 渲染场景，效果如下图所示。

步骤06 在顶视图中创建VR灯光，调整灯光位置，如下图所示。

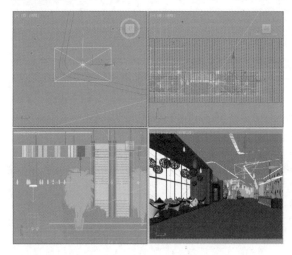

步骤07 调整灯光强度及颜色，如下图所示。

步骤08 灯光颜色参数设置如下图所示。

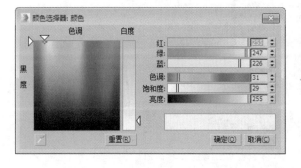

步骤09 复制灯光，如下图所示。

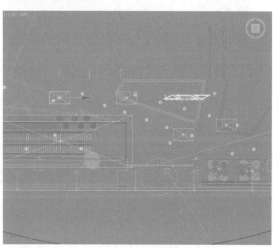

步骤10 再次进行场景渲染，最终效果如右图所示。

6.5 渲染设置

　　场景中的灯光环境已经全部布置完毕，下面就可以对灯光效果进行测试渲染，对不满意的灯光进行调整。最后进行高品质效果的渲染。

6.5.1 测试渲染

　　在测试渲染时，可以将"渲染设置"窗口中的参数设置得低一些，除此之外，用户也可以利用VRay边纹理材质替代场景中的所有材质，这样既不影响灯光效果，又可以加快渲染速度。测试渲染效果如下左图所示，白膜测试效果如下右图所示。

步骤01 按F10键打开"渲染设置"窗口，设置输出尺寸大小，如右图所示。

步骤02 在"帧缓冲区"卷展栏下取消勾选"启用内置帧缓冲区"选项，如下图所示。

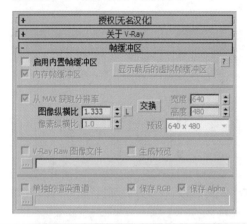

步骤03 在"图像采样器"卷展栏中设置抗锯齿类型及过滤器类型，如下图所示。

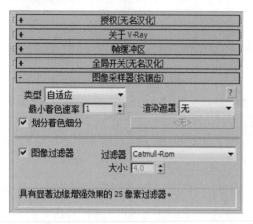

步骤04 在"颜色贴图"卷展栏下设置颜色贴图类型为"指数"，如下图所示。

步骤05 开启全局照明，然后设置二次引擎为"灯光缓存"，如下图所示。

步骤06 在"发光图"卷展栏下设置当前预设等级为"低"，再设置细分值，勾选"显示计算相位"、"显示直接光"复选框，如下图所示。

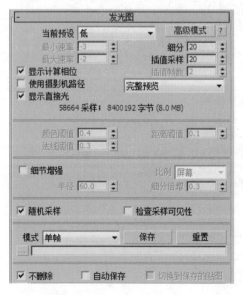

步骤07 在"灯光缓存"卷展栏中设置细分值，其余参数保持默认，如下图所示。

步骤08 在"系统"卷展栏下设置渲染块宽度、序列方式以及动态内存限制值,如下图所示。

步骤09 渲染场景,测试效果如下图所示。从测试效果中可以看到,效果图中有较大的颗粒,场景物体缺乏质感。

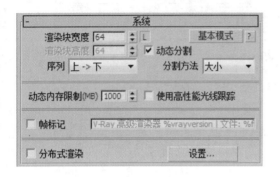

6.5.2 高品质效果渲染

测试渲染效果满意以后,就可以着手进行最终效果的渲染了。用户可根据自身电脑的配置情况进行参数设置,以在渲染效果和渲染时间上求得最佳平衡。具体操作步骤介绍如下。

步骤01 重新设置图像输出尺寸,如下图所示。

步骤02 在"全局确定性蒙特卡洛"卷展栏中设置噪波阈值及最小采样,再勾选"时间独立"选项,如下图所示。

步骤03 在"发光图"卷展栏中设置预设级别及细分值等参数,如右图所示。

步骤04 在"灯光缓存"卷展栏中设置细分值，如下图所示。

步骤05 最后在"系统"卷展栏下设置渲染块宽度以及动态内存限制值，如下图所示。

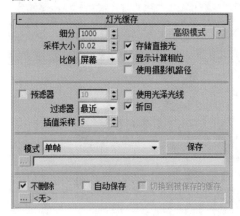

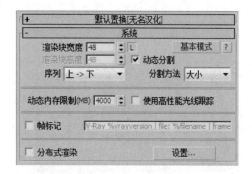

步骤06 重新渲染场景，效果如右图所示。

6.6 Photoshop后期处理

通过上面的制作，已经得到了成品图。由于受环境色的影响，图像的色彩不够鲜明，整体偏灰暗，这里就需要利用Photoshop软件对其进行调整，具体操作步骤如下。

步骤01 在Photoshop软件中打开效果图文件，如右图所示。

步骤02 可以看到整体场景偏暗，亮度不够，暗部细节不可见，这里需要调整明暗对比。执行"图像>调整>亮度/对比度"命令，打开"亮度/对比度"对话框，调整对比度参数，如下图所示。

步骤03 调整对比度后效果如下图所示。

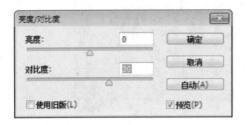

步骤04 此时整体场景仍然有些偏暗，再执行"图像>调整>曲线"命令，打开"曲线"对话框，调整曲线形状，如下图所示。

步骤05 调整曲线后效果如下图所示。

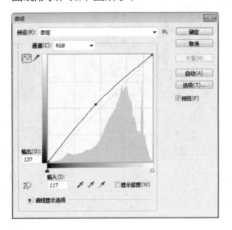

步骤06 接着利用画笔工具为效果图添彩。单击画笔工具，选择合适的笔尖形状，如下图所示。

步骤07 调整画笔大小并设置前景色为白色，在画面中单击添加图案。至此，完成效果图的后期制作并将文件保存，最终效果如下图所示。

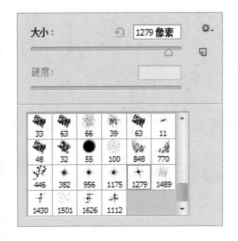

Chapter

07

夜晚效果表现实例

夜晚场景效果图的表现也是室内设计中经常会遇到的情况，在制作这种效果图时，用户需要注意：场景中室内照明光线足够的情况下，室外光线的影响会非常弱，并且无室外照明投影，当然有月光的情况下就另当别论。

知识要点

① 摄影机的创建
② 主要材质的设置
③ 场景灯光的设置
④ 渲染参数的设置
⑤ 后期处理

7.1 案例分析

　　本场景要表现的是一个夜晚的中式风格的卧室空间。场景中的家具及墙面装饰颜色都较深，没有室外光源，室内为暖黄色的灯光，光线经反射后整体效果看起来会比较暗。

　　场景中物体的反射质感很好地表现了光线的分布，通过光线的照射，家具、地板等物体的材质也得到了充分的表现，下图所示为白膜效果和最终渲染效果。

　　下图所示的是一些灯光细节的渲染，读者可以近距离观察灯光照明的质感效果。

7.2 创建摄影机及检查模型

本场景的模型及材质是制作好的，这里先要进行摄影机的创建并对模型进行检查，以便于后面的操作。

7.2.1 创建摄影机

摄影机的架设是效果图制作中很关键的一步，这关系到效果图制作过程中场景的观察以及最后效果图的美感。

步骤01 打开场景文件，如下图所示。

步骤02 在顶视图中创建一盏目标摄影机，效果如下图所示。

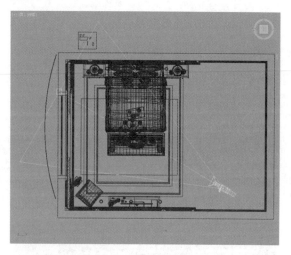

步骤03 设置摄影机参数，再调整摄影机角度及位置，如下图所示。

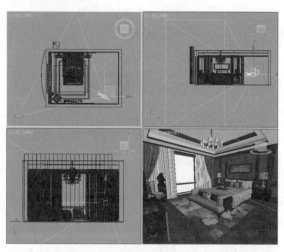

步骤04 摄影机参数设置如下图所示。

步骤05 切换到透视视口，然后按键盘上的C键切换到摄影机视口，如右图所示。

7.2.2 检查模型

利用白膜效果来检查模型，可以节省很多时间，下面介绍操作过程。

步骤01 按M键打开材质编辑器，选择一个空白材质球，设置为VRayMtl材质；为漫反射通道添加"VR-边纹理"贴图，并设置漫反射的颜色为白色，如下图所示。

步骤02 进入VRay边纹理参数设置面板，设置纹理颜色及像素值，如下图所示。

步骤03 纹理颜色参数设置如右图所示。

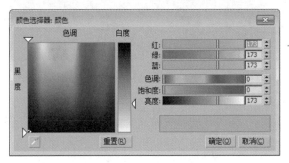

步骤04 创建好的材质球效果如下图所示。

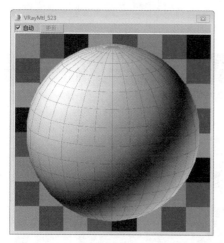

步骤05 按F10键打开"渲染设置"窗口，在"全局开关"卷展栏中勾选"覆盖材质"复选框，将材质编辑器中创建的材质拖动复制到当前面板，如下图所示。

步骤06 渲染摄影机视口，场景白模效果如右图所示，这样可观察效果图中是否有缺口或者漏缝处。

7.3 设置主要材质

材质的表现是模型中重要的环节，其通过光源表现质感，同时也可表现光线照射到物体上的效果。本章中的材质是已经设置好的，这里就对几个主要材质的设置进行介绍。

步骤01 设置铝合金材质。按M键打开材质编辑器，选择一个空白材质球，设置为VRayMtl材质，然后设置漫反射颜色及反射颜色，再设置反射参数，如右图所示。

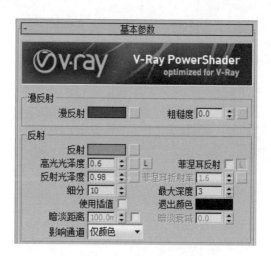

步骤02 漫反射颜色及反射颜色参数设置如下图所示。

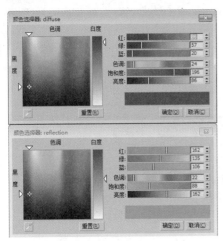

步骤03 设置好的铝合金材质球如下图所示。

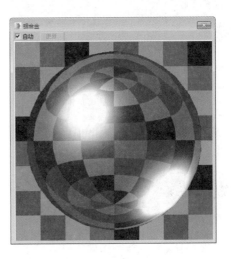

步骤04 设置木地板材质。选择一个空白材质球，设置为VRayMtl材质，在"贴图"卷展栏中为漫反射通道和凹凸通道添加位图贴图并设置凹凸值，如下图所示。

步骤05 漫反射通道和凹凸通道中添加的位图贴图如下图所示。

贴图			
漫反射	100.0	✓	Map #1 (人字木地板a.jpg)
粗糙度	100.0	✓	无
自发光	100.0	✓	无
反射	100.0	✓	无
高光光泽	100.0	✓	无
反射光泽	100.0	✓	无
菲涅耳折射率	100.0	✓	无
各向异性	100.0	✓	无
各向异性旋转	100.0	✓	无
折射	100.0	✓	无
光泽度	100.0	✓	无
折射率	100.0	✓	无
半透明	100.0	✓	无
烟雾颜色	100.0	✓	无
凹凸	22.0	✓	Map #1 (人字木地板a.jpg)
置换	100.0	✓	无
不透明度	100.0	✓	无
环境		✓	无

步骤06 返回到基本参数设置面板，设置反射颜色及反射参数，如右图所示。

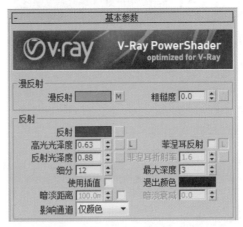

步骤07 反射颜色参数设置如下图所示。

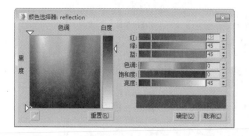

步骤08 设置好的地板材质球如下图所示。

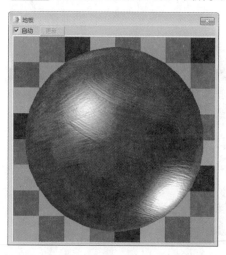

步骤09 设置木质家具材质。选择一个空白材质球，设置为VRayMtl材质，在"贴图"卷展栏中为漫反射通道添加位图贴图，为反射通道添加衰减贴图，如下图所示。

步骤10 漫反射通道添加的位图贴图如下图所示。

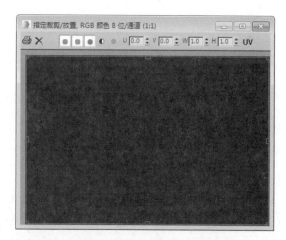

步骤11 进入衰减参数设置面板，设置衰减颜色及衰减类型，如右图所示。

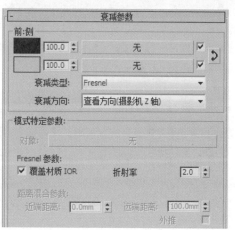

步骤12 衰减颜色参数设置如下图所示。

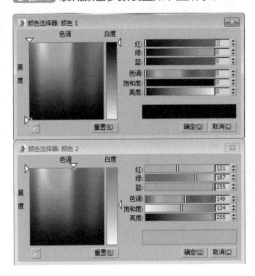

步骤14 设置好的黑色木质材质球如右图所示。

步骤13 返回到基本参数设置面板，设置反射参数，如下图所示。

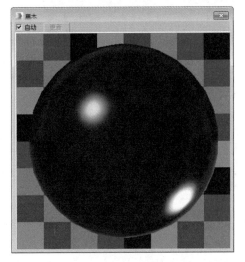

7.4 设置场景灯光

　　本场景要表现的是夜晚的室内灯光效果，主要光源是室内的吊灯、射灯、灯带、台灯以及壁灯，整体光线偏暗且为暖色。吊灯、壁灯光源主要是利用VR面光源和VR球体灯光来进行表现，射灯光源是利用目标灯光配合光域网文件来进行模拟，台灯灯光则是VR球体灯光和目标灯光结合产生的效果。室外光源非常弱，案例中就利用自发光贴图材质来代替夜晚的室外场景。

7.4.1 设置主灯光源

　　主灯光源是场景中的主要光源来源，是场景中的亮点。对于多头吊灯的光源，最好的就是利用VR球体灯光来进行表现，具体操作步骤如下。

步骤01 单击VRay光源类型中的VR-灯光按钮，在顶视图中创建一盏VR球体光源，调整灯光到主吊灯位置，如下图所示。

步骤02 实例复制灯光并调整位置，如下图所示。

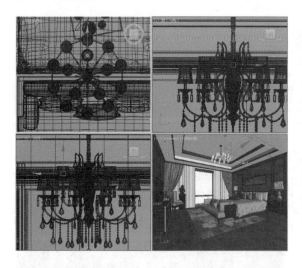
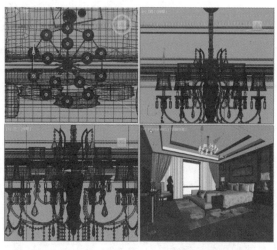

步骤03 渲染吊灯位置，效果如下图所示，可以看到灯光强度较弱，透过灯罩可以看到灯光模型。

步骤04 在灯光参数卷展栏中调整灯光强度等参数，如下图所示。

步骤05 再次渲染场景，效果如右图所示，这时灯光比较明亮。

步骤06 再调整灯光颜色为暖黄色，颜色参数设置如下图所示。

步骤07 渲染场景，可以看到如下图所示的温暖且明亮的吊灯照明效果。

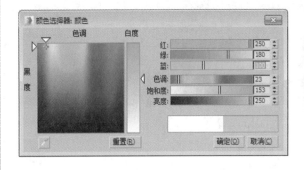

> **提示**
>
> 通常情况下，主光源的强度是最大的，不过，如果空间中有装饰光源的话（例如射灯、灯带等），则装饰灯光的强度应当大于主光源。

7.4.2 设置灯带光源

灯带光线较弱且均匀，主要作用是照亮吊顶位置，并美化顶部光线分布。这里利用VR面光源来进行表现，下面介绍具体操作过程。

步骤01 在顶视图中创建一个VR面光源，效果如下图所示。

步骤02 调整灯光尺寸及位置，再进行复制，如下图所示。

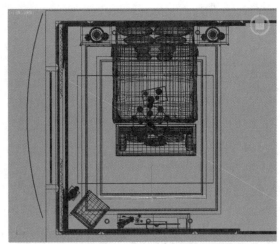

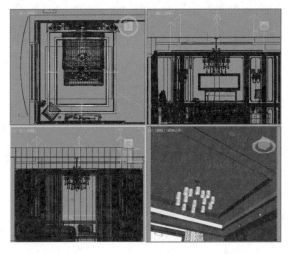

步骤03 渲染灯带位置，效果如下图所示，可以看到灯带位置有些曝光过度。

步骤04 调整灯光强度，勾选相关选项，再调整细分值，如下图所示。

步骤05 再次渲染场景，效果如下图所示，此时灯光较为柔和。

步骤06 调整灯带颜色，参数设置如下图所示。

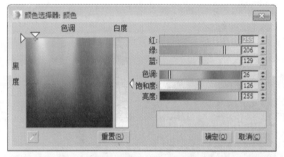

步骤07 再次渲染场景，灯带效果如右图所示。

7.4.3 设置射灯光源

射灯在场景中起着辅助光源的作用,在距离主光源较远的墙面位置,利用射灯来进行照明再好不过。这里的射灯利用目标灯光结合光域网文件进行表现,为效果图增加了一份美感。

步骤01 在前视图中创建一盏目标灯光,效果如下图所示。

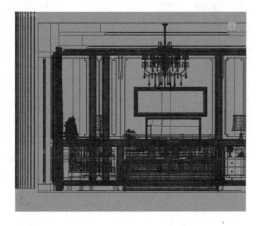

步骤02 实例复制灯光,并调整到合适的位置,如下图所示。

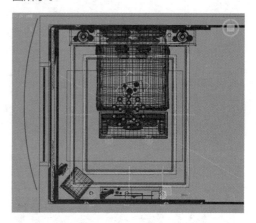

步骤03 渲染场景,效果如下图所示。

步骤04 开启VR阴影,设置灯光分布为光度学Web,添加光域网文件并设置灯光强度,如下图所示。

步骤05 再次渲染场景,效果如右图所示。

7.4.4 设置台灯及壁灯光源

　　台灯和壁灯主要用来照亮床头位置，也是灯光装饰的主要部分。这里利用VR球形灯光来表现壁灯光源效果，用VR球形灯光及几何目标灯光来表现台灯光源效果，具体操作步骤如下。

步骤01 在顶视图中创建VR球形灯光，移动到台灯位置，如下图所示。

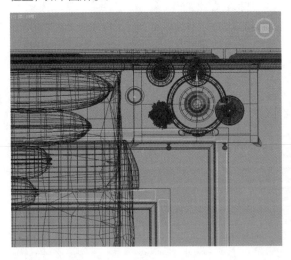

步骤02 复制灯光到另一侧台灯位置，如下图所示。

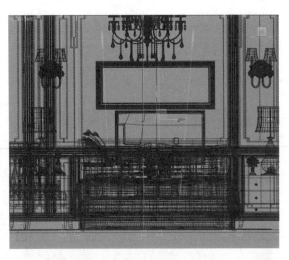

步骤03 在修改命令面板的参数卷展栏中可以看到新创建的VR灯光的参数，如下图所示。

步骤04 渲染场景，效果如下图所示。

步骤05 在参数卷展栏中调整灯光强度以及细分值等参数，如右图所示。

步骤06 再次进行渲染，效果如下图所示。

步骤07 在前视图中台灯位置创建目标灯光，如下图所示。

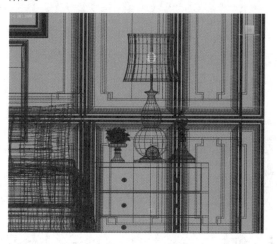

步骤08 复制灯光并调整位置，渲染场景，效果如下图所示。

步骤09 设置灯光分布类型为光度学Web，添加光域网文件，再设置灯光颜色及强度，在"图形/区域阴影"卷展栏中设置发射光线类型为矩形，如下图所示。

步骤10 再次渲染场景，台灯光源效果如右图所示。

步骤11 复制吊灯位置的VR灯光到壁灯处，如下图所示。

步骤12 渲染场景，效果如下图所示，此时壁灯亮度稍高。

步骤13 调整灯光倍增强度为60，如下图所示。

步骤14 再次渲染场景，壁灯光源效果如下图所示。

7.4.5 设置室外场景贴图

由于是夜晚效果的表现，从窗户位置可以看到室外的夜景，有较弱的光照效果，这里就利用VR自发光材质来进行表现，具体操作步骤如下。

步骤01 按M键打开材质编辑器，选择一个空白材质球，设置为VR-灯光材质，在"参数"卷展栏中添加位图贴图，如右图所示。

步骤02 添加的位图贴图如下图所示。

步骤03 设置好的VR灯光材质球如下图所示。

步骤04 将材质指定给窗外的弧形模型，渲染场景，效果如下图所示。

步骤05 此时室外场景较暗，这里增加VR灯光强度，如下图所示。

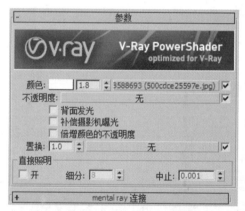

步骤06 重新渲染场景，效果如右图所示。

7.4.6 添加补光

场景中的对象是大小不一的，这样会导致一些高度较低的物体接收不到主光源发出的光线，在主光源下添加一个补充光源就可以很好地解决这一照明不足的问题。具体操作步骤如下。

步骤01 在顶视图中创建一盏VR灯光，放置于吊灯下方，如下图所示。

步骤02 调整灯光参数，如下图所示。

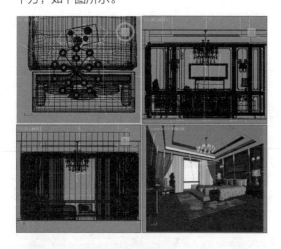

步骤03 渲染场景，如下图所示，此时补光较弱。

步骤04 再次调整灯光参数，如下图所示。

步骤05 再次渲染场景，如右图所示。

> **提示**
> 补充光源是对场景中位于主光源下的物体进行加亮，所以灯光的强度应小于主光源，灯光的颜色也应以黄色或咖啡色等暖色为宜。

7.5 渲染设置

　　场景中的灯光环境已经全部布置完毕，下面就可以对灯光效果进行测试渲染，对不满意的灯光进行调整，最后进行高品质效果的渲染。

7.5.1 测试渲染

　　在测试渲染时，可以将"渲染设置"窗口中的参数设置得低一些，除此之外，用户也可以利用VRay边纹理材质替代场景中的所有材质，这样既不影响灯光效果，又可以加快渲染速度。测试渲染效果如下左图所示，白膜测试效果如下右图所示。

步骤01 按F10键打开"渲染设置"窗口，在"公用参数"卷展栏下设置输出尺寸大小，如下图所示。

步骤02 在"帧缓冲区"卷展栏下取消勾选"启用内置帧缓冲区"选项，如下图所示。

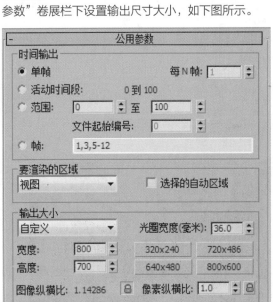

步骤03 在"图像采样器"卷展栏中设置抗锯齿类型及过滤器类型，如下图所示。

步骤04 在"颜色贴图"卷展栏下设置颜色贴图类型为指数，并设置暗度倍增值和明亮倍增值，如下图所示。

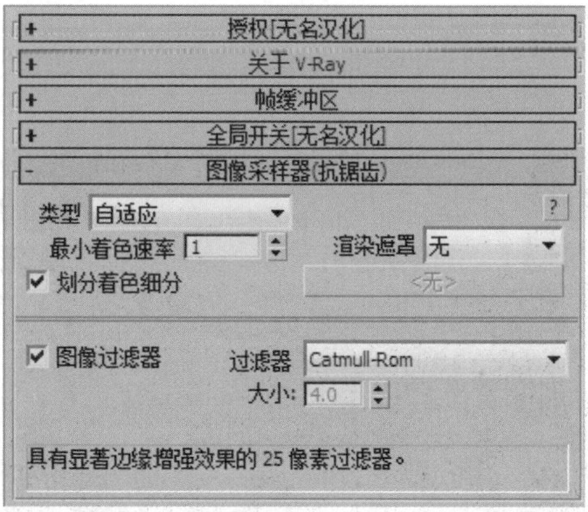

+	授权[无名汉化]
+	关于 V-Ray
+	帧缓冲区
+	全局开关[无名汉化]
-	图像采样器(抗锯齿)

类型 自适应 ▼　　　　　　　　　　?
最小着色速率 1 ⬧　渲染遮罩 无 ▼
☑ 划分着色细分　　　　　　<无>

☑ 图像过滤器　过滤器 Catmull-Rom ▼
　　　　　　　大小: 4.0 ⬧

具有显著边缘增强效果的 25 像素过滤器。

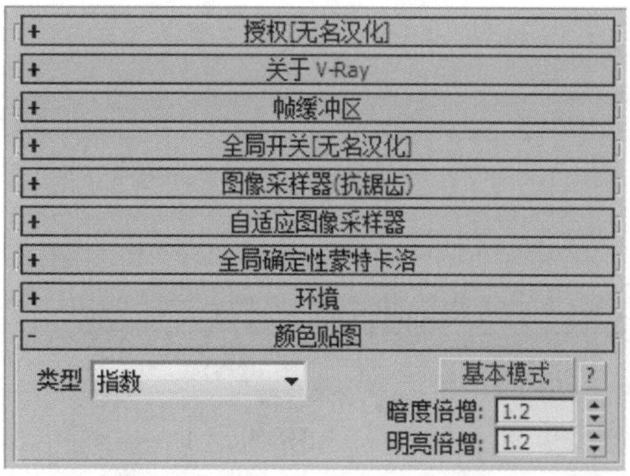

+	授权[无名汉化]
+	关于 V-Ray
+	帧缓冲区
+	全局开关[无名汉化]
+	图像采样器(抗锯齿)
+	自适应图像采样器
+	全局确定性蒙特卡洛
+	环境
-	颜色贴图

类型 指数 ▼　　　　　　基本模式 ?
　　　　　　　暗度倍增: 1.2 ⬧
　　　　　　　明亮倍增: 1.2 ⬧

步骤05 开启全局照明，然后设置二次引擎为"灯光缓存"，如下图所示。

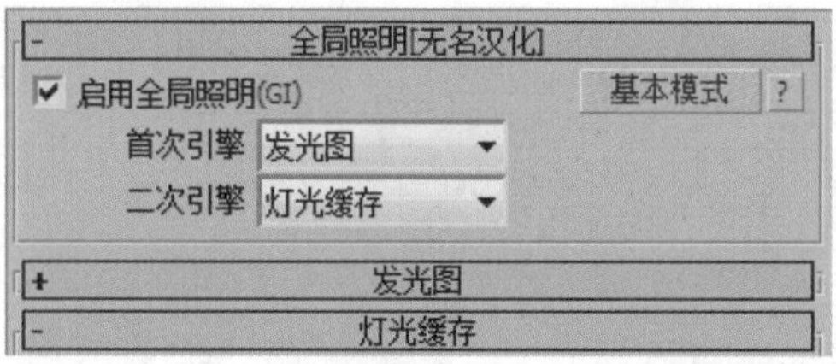

步骤06 在"发光图"卷展栏下设置当前预设等级为"低"，再设置细分值，勾选"显示计算相位"、"显示直接光"复选框，如下图所示。

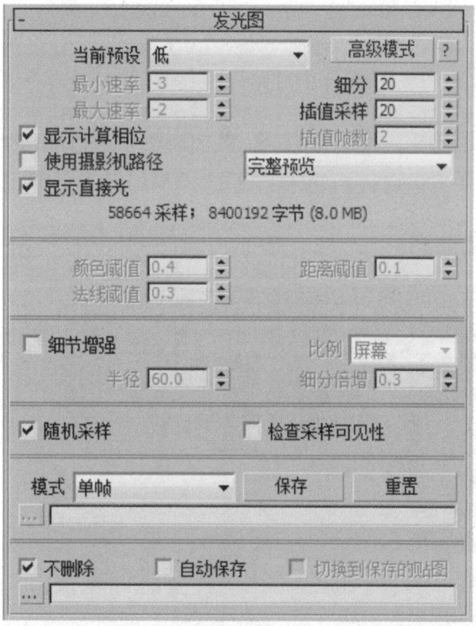

-	发光图

当前预设 低 ▼　　　　　高级模式 ?
最小速率 -3 ⬧　　细分 20 ⬧
最大速率 -2 ⬧　　插值采样 20 ⬧
☑ 显示计算相位　　插值帧数 2 ⬧
☐ 使用摄影机路径　完整预览 ▼
☑ 显示直接光
　58664 采样；8400192 字节 (8.0 MB)

颜色阈值 0.4 ⬧　距离阈值 0.1 ⬧
法线阈值 0.3 ⬧

☐ 细节增强　　　　比例 屏幕 ▼
　半径 60.0 ⬧　　细分倍增 0.3 ⬧

☑ 随机采样　　　　☐ 检查采样可见性

模式 单帧 ▼　　保存　　重置
...

☑ 不删除　☐ 自动保存　☐ 切换到保存的视图
...

-	全局照明[无名汉化]

☑ 启用全局照明(GI)　　基本模式 ?
首次引擎 发光图 ▼
二次引擎 灯光缓存 ▼

+	发光图
-	灯光缓存

步骤07 在"灯光缓存"卷展栏中设置细分值，其余参数保持默认，如右图所示。

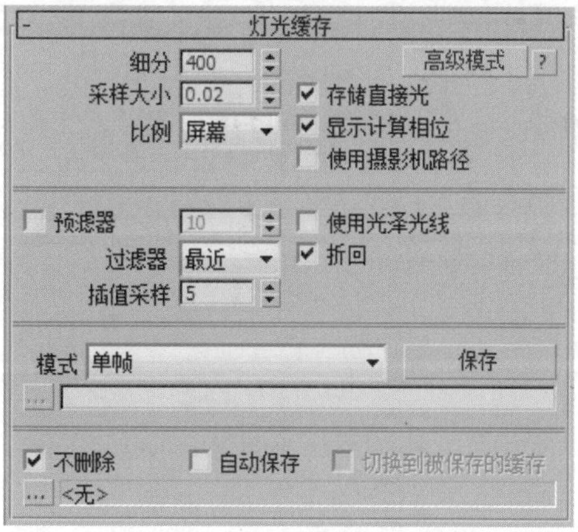

-	灯光缓存

细分 400 ⬧　　　　　高级模式 ?
采样大小 0.02 ⬧　☑ 存储直接光
比例 屏幕 ▼　☑ 显示计算相位
　　　　　　　☐ 使用摄影机路径

☐ 预滤器　10 ⬧　☐ 使用光泽光线
过滤器 最近 ▼　☑ 折回
插值采样 5 ⬧

模式 单帧 ▼　　　　　保存
...

☑ 不删除　☐ 自动保存　☐ 切换到被保存的缓存
... <无>

步骤08 在"系统"卷展栏下设置渲染块宽度、序列方式及动态内存限制值，如下图所示。

步骤09 渲染场景，测试效果如下图所示。从测试效果中可以看到，效果图中有较大的颗粒，场景物体缺乏质感。

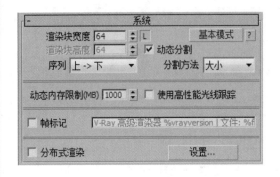

7.5.2 高品质效果渲染

测试渲染效果满意以后，就可以着手进行最终效果的渲染了。用户可根据自身电脑的配置情况进行参数设置，以在渲染效果和渲染时间上取得最佳的平衡。具体操作步骤如下。

步骤01 重新设置图像输出尺寸，如下图所示。

步骤02 在"全局确定性蒙特卡洛"卷展栏中设置噪波阈值及最小采样，再勾选"时间独立"选项；在"颜色贴图"卷展栏中设置明亮倍增值，这样可以使场景稍稍提亮一些，如下图所示。

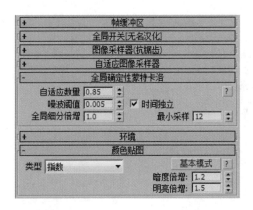

步骤03 在"发光图"卷展栏中设置预设级别及细分值等参数，如下图所示。

步骤04 在"灯光缓存"卷展栏中设置细分值，如下图所示。

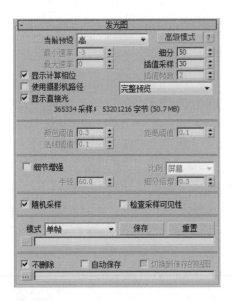

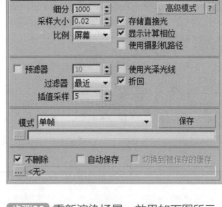

步骤05 最后在"系统"卷展栏下设置渲染块宽度和动态内存限制值,如下图所示。

步骤06 重新渲染场景,效果如下图所示。

7.6 Photoshop后期处理

通过上面的制作,已经得到了成品图。由于受环境色的影响,图像的色彩和明暗对比效果还不够真实,这里就需要利用Photoshop软件对其进行调整。具体操作步骤如下。

步骤01 在Photoshop软件中打开效果图文件,如下图所示。

步骤02 可以看到整体场景偏暗,亮度不够,暗部细节不可见,这里需要调整明暗对比。执行"图像>调整>亮度/对比度"命令,打开"亮度/对比度"对话框,调整参数,如下图所示。

亮度/对比度

亮度： 10

对比度： -30

确定

取消

自动(A)

□ 使用旧版(L)　　☑ 预览(P)

步骤03 调整亮度/对比度后效果如下图所示。

步骤04 此时整体场景仍然偏暗，再执行"图像 > 调整 > 曲线"命令，打开"曲线"对话框，调整曲线形状，如下图所示。

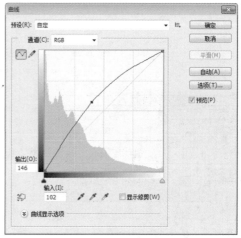

曲线

预设(R)： 自定

通道(C)： RGB

确定

取消

平滑(M)

自动(A)

选项(T)...

☑ 预览(P)

输出(O)：146

输入(I)：102

□ 显示修剪(W)

曲线显示选项

步骤05 调整曲线后效果如下图所示。

步骤06 执行"图像 > 调整 > 色相/饱和度"命令，打开"色相/饱和度"对话框，调整黄色饱和度，如下图所示。

色相/饱和度

预设(E)： 自定

确定

取消

黄色

色相(H)： 0

饱和度(A)： 25

明度(I)： 0

□ 着色(O)　　☑ 预览(P)

15°/45°　　75°\105°

步骤07 再调整红色饱和度，如下图所示。

步骤08 调整后效果如下图所示。

步骤09 最后要利用画笔工具为效果图添彩。单击画笔工具，选择合适的笔尖形状，如下图所示。

步骤10 调整画笔大小并设置前景色为白色，在画面中单击添加图案。至此，完成效果图的后期制作并将文件保存，最终效果如下图所示。

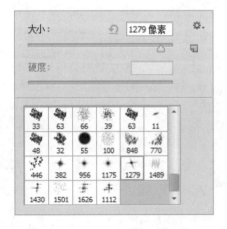

Chapter

08

封闭空间表现实例

在效果图制作过程中有时会遇到没有窗户的场景，这种场景下，不管是白天还是晚上，效果图的表现中都要依靠灯具来进行照明，不含天光及太阳光。这种情况下，场景颜色受灯光颜色影响较大，多数时候偏暖黄色。另外，在模型的制作过程中灯光强度也会较平时高一些。通过本案例的学习，用户可以掌握射灯、灯带光源的表现方法。

知识要点

① 摄影机的创建
② 主要材质的设置
③ 场景灯光的设置
④ 渲染参数的设置
⑤ 后期处理

8.1 案例分析

　　本场景是一个封闭的现代风格卫浴空间，没有室外光线的影响，仅依靠室内灯光来进行照明，整体场景效果因为受到灯光颜色的影响而偏黄色，并且因受到瓷砖颜色的影响而显得灰暗。

　　场景中的墙砖、地砖、镜子、玻璃等材质都有很强的反射质感，通过光线的折射和物体的反射，狭小的空间反而看起来很通透。下图所示为白膜效果和最终渲染效果。

8.2 创建摄影机及检查模型

　　本场景的模型及材质是制作好的，这里先要进行摄影机的创建并对模型进行检查，以便于后面的操作。

8.2.1 创建摄影机

　　摄影机的架设是效果图制作中很关键的一步，这关系到效果图制作过程中场景的观察以及最后效果图的美感。

步骤01 打开场景文件，如下图所示。

步骤02 创建一盏目标摄影机，如下图所示。

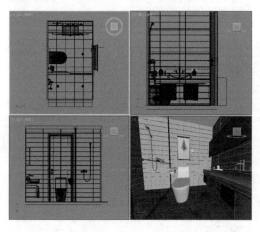
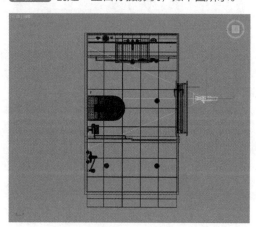

步骤03 设置摄影机参数，再调整摄影机角度及位置，如下图所示。

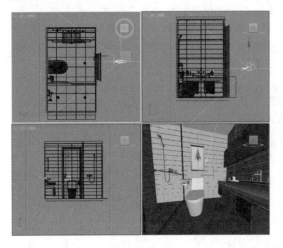

步骤04 调整摄影机镜头，再开启"手动剪切"，设置近距剪切和远距剪切值，如下图所示。

步骤05 切换到透视视口，然后按键盘上的C键切换到摄影机视口，如下图所示。

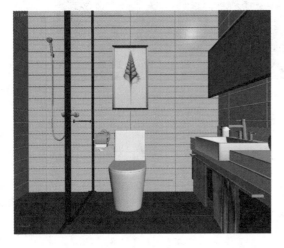

步骤06 在摄影机视口中按Shift+F组合键，使摄影机视口以安全框尺寸显示，如下图所示。

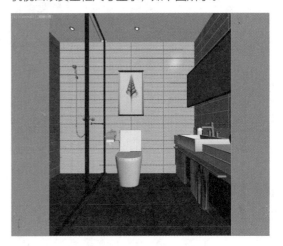

8.2.2 检查模型

利用白模效果来检查模型，可以节省很多时间，下面介绍具体操作过程。

步骤01 按M键打开材质编辑器，选择一个空白材质球，设置为VRayMtl材质；为漫反射通道添加VR-边纹理贴图，然后设置漫反射颜色为白色，如右图所示。

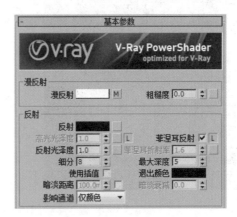

步骤02 进入VRay边纹理参数设置面板，设置纹理颜色及像素值，如下图所示。

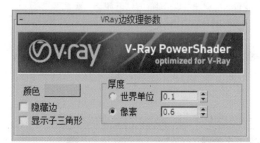

步骤03 纹理颜色参数设置如下图所示。

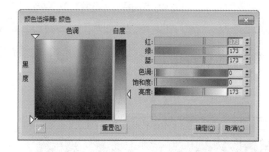

步骤04 创建好的材质球效果如下图所示。

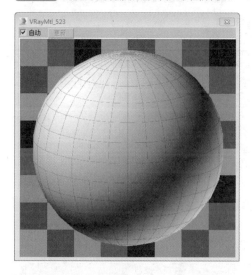

步骤05 按F10键打开"渲染设置"窗口，在"全局开关"卷展栏中勾选"覆盖材质"复选框，然后将材质编辑器中创建的材质拖动复制到当前面板，如下图所示。

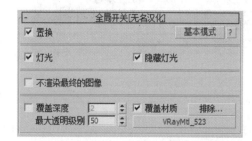

步骤06 设置图像输出尺寸，如下图所示。

步骤07 渲染摄影机视口，场景白模效果如下图所示，可观察效果图中是否有缺口或者漏缝处。从效果图中可以看出，墙面和地面模型并不是平面，这样在进行材质的制作时，就节省了凹凸纹理的制作。

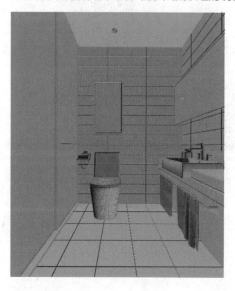

8.3 设置主要材质

　　材质的表现是建模中重要的环节，其通过光源表现质感，同时也可表现光线照射到物体上的效果。本章中的材质是已经设置好的，这里就对几个主要材质的设置进行介绍。

步骤01 设置乳胶漆材质。按M键打开材质编辑器，选择一个空白材质球，设置为VRayMtl材质，设置漫反射颜色为白色，其余设置保持默认，如下图所示。

步骤02 为VRayMtl材质添加VR材质包裹器，设置接收全局照明值为0.8，如下图所示。

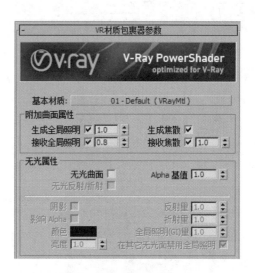

步骤03 设置好的乳胶漆材质球如下图所示。

步骤04 设置墙砖材质。选择一个空白材质球，设置为VRayMtl材质，为漫反射通道添加位图贴图，设置反射颜色及反射参数，如下图所示。

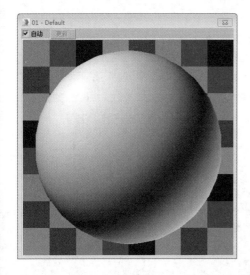

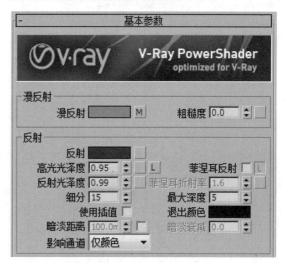

步骤05 为漫反射通道添加的位图贴图如下图所示。

步骤06 反射颜色参数设置如下图所示。

步骤07 设置好的墙砖材质球如下图所示。

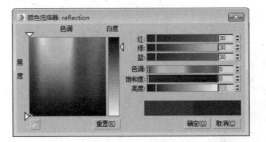

步骤08 设置地砖材质。选择一个空白材质球，设置为VRayMtl材质，为漫反射通道添加位图贴图，设置反射颜色及反射参数，如下图所示。

步骤09 漫反射通道添加的位图贴图如下图所示。

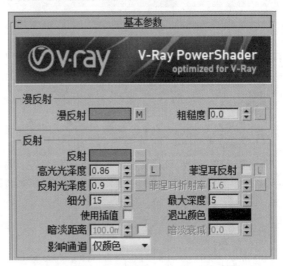

步骤10 反射颜色参数设置如下图所示。

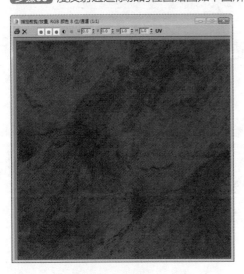

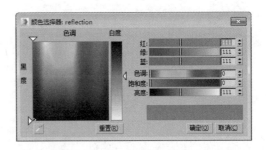

步骤11 设置好的地砖材质球如下图所示。

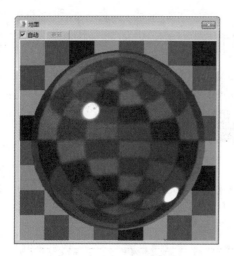

步骤12 设置人造石材质。选择一个空白材质球，设置为VRayMtl材质，设置漫反射颜色为白色，为反射通道添加衰减贴图，再设置反射参数，如下图所示。

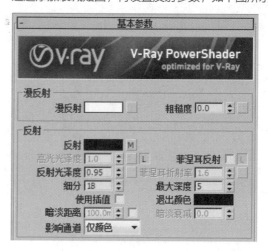

步骤13 进入衰减参数设置面板，设置衰减类型，如下图所示。

步骤14 设置好的人造石材质球如下图所示。

步骤15 设置毛巾材质。选择一个空白材质球，设置为VRayMtl材质，在"贴图"卷展栏中为漫反射通道和置换通道分别添加位图贴图，并设置置换值，如右图所示。

步骤16 漫反射通道添加的位图贴图如下图所示。

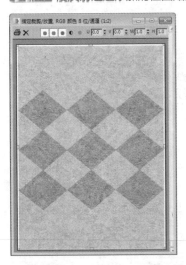

步骤17 置换通道添加的位图贴图如下图所示。

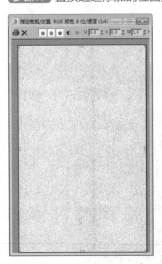

步骤18 设置好的毛巾材质球如下图所示。

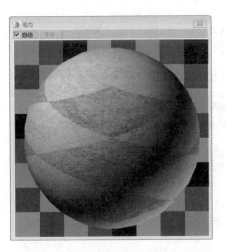

步骤19 设置不锈钢材质。选择一个空白材质球，设置为VRayMtl材质，设置漫反射颜色与反射颜色，再设置反射参数，如下图所示。

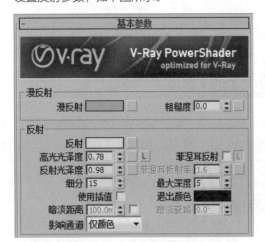

步骤20 漫反射颜色与反射颜色设置如右图所示。

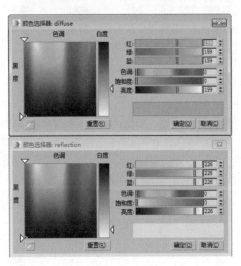

步骤21 设置好的不锈钢材质球如下图所示。

步骤22 设置镜子材质。选择一个空白材质球，设置为VRayMtl材质，设置漫反射颜色与反射颜色，如下图所示。

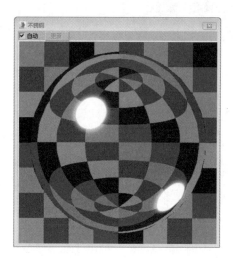

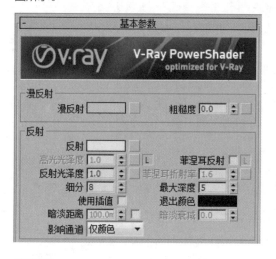

步骤23 漫反射颜色与反射颜色设置如下图所示。

步骤24 设置好的镜子材质球如下图所示。

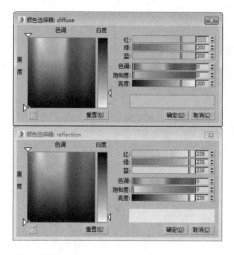

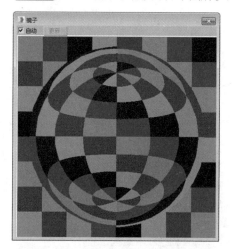

步骤25 设置玻璃材质。选择一个空白材质球，设置为VRayMtl材质，设置漫反射颜色、反射颜色、反射退出颜色以及折射颜色，如右图所示。

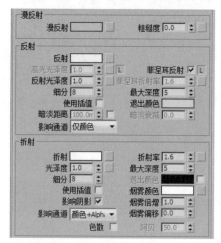

步骤26 漫反射颜色与反射颜色设置如下图所示。

步骤27 反射退出颜色及折射颜色设置如下图所示。

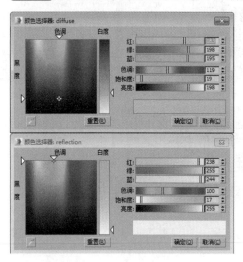

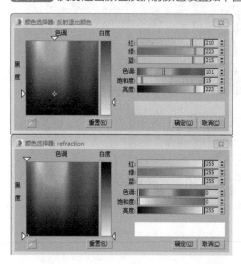

步骤28 设置好的玻璃材质球如右图所示。

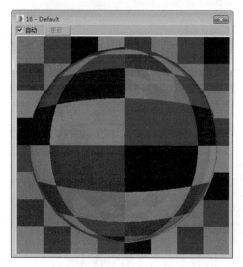

8.4 设置场景灯光

本场景要表现的是一个封闭的卫生间空间的灯光效果，主要光源就是筒灯以及灯带光源，整体光线偏暗且呈现出暖黄色调，灯带光源的表现在整个场景中较为突出。这里利用目标灯光来表现筒灯照明效果，用VR面光表现灯带光源效果。

8.4.1 设置筒灯光源

筒灯光源是场景中的主要光源来源，是场景中的亮点。下面介绍设置筒灯光源的具体操作步骤。

步骤01 在顶视图中创建一盏自由灯光，调整到合适的位置，如下图所示。

步骤02 实例复制灯光并调整位置，如下图所示。

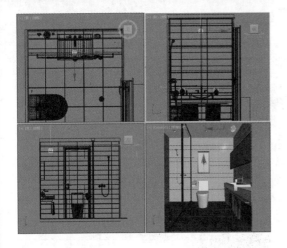

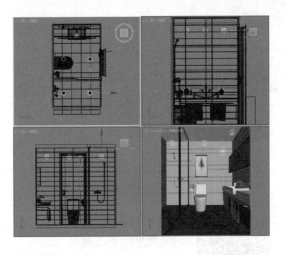

步骤03 渲染场景，可以看到场景曝光过度。

步骤04 选择一个自由灯光，开启"VR-阴影"，设置灯光分布类型为"光度学Web"并添加光域网文件，如下图所示。

步骤05 重新渲染场景，效果如右图所示，此时场景变得很暗。

步骤06 调整灯光颜色为暖黄色，再调整灯光强度值，如下图所示。

步骤07 渲染场景，就可以看到筒灯光源下的效果如下图所示。

8.4.2 设置灯带光源

灯带光线较弱且均匀，主要作用是照亮洗手台位置，并美化顶部和底部光线分布。这里利用VR面光源来进行表现，下面介绍操作过程。

步骤01 在顶视图中创建VR面光源，调整光源尺寸及位置，如下图所示。

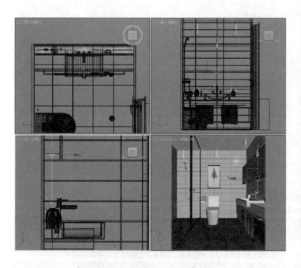

步骤02 渲染场景，效果如下图所示。

步骤03 调整VR灯光角度，如下图所示。

步骤04 调整灯光强度，然后勾选相关选项，如下图所示。

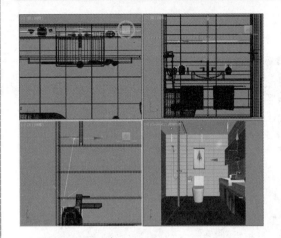

步骤05 再次渲染场景，效果如下图所示，灯带光源较之前柔和一些。

步骤06 调整灯带颜色为暖黄色，再调整细分值，参数设置如下图所示。

步骤07 灯光颜色参数设置如下图所示。

步骤08 渲染场景，效果如下图所示。

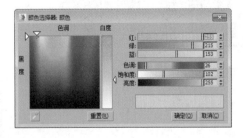

步骤09 在左视图中向上复制VR灯光，调整角度，如下图所示。

步骤10 再次渲染场景，效果如下图所示。

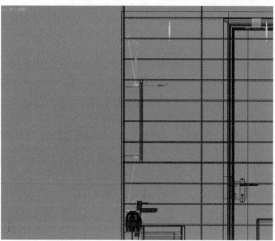

步骤11 继续向下复制灯光，调整灯光强度、尺寸等参数，再调整灯光角度及位置等，如下图所示。

步骤12 渲染场景，效果如下图所示。

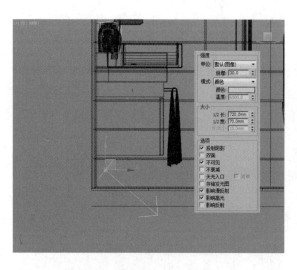

8.4.3 添加补光

场景中的对象是大小不一的，这样会导致一些高度较低的物体接收不到主光源发出的光线，在主光源下添加一个补充光源则可以很好地解决这一照明不足的问题。具体操作步骤如下。

步骤01 在顶视图中创建一盏VR灯光，调整灯光尺寸，再调整灯光位置，如下图所示。

步骤02 渲染场景，效果如下图所示。

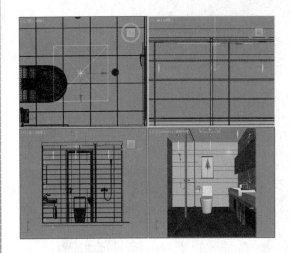

步骤03 调整灯光强度，再设置灯光颜色为白色，如下图所示。

步骤04 再次渲染场景，效果如下图所示。

步骤05 复制灯光，如右图所示。

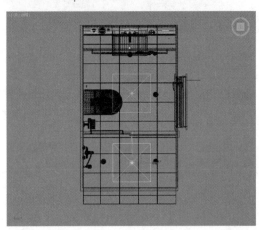

步骤06 再渲染场景，效果如右图所示。

8.5 渲染设置

场景中的灯光环境已经全部布置完毕，下面就可以对灯光效果进行测试渲染，对不满意的灯光进行调整，最后进行高品质效果的渲染。

8.5.1 测试渲染

在测试渲染时，可以将"渲染设置"窗口中的参数设置得低一些，除此之外，用户也可以利用VRay边纹理材质替代场景中的所有材质，这样既不影响灯光效果，又可以加快渲染速度。测试渲染效果如下左图所示，白膜测试效果如下右图所示。

步骤01 按F10键打开"渲染设置"窗口，在"公用参数"卷展栏下设置输出尺寸大小，如下图所示。

步骤02 在"帧缓冲区"卷展栏下取消勾选"启用内置帧缓冲区"选项，如下图所示。

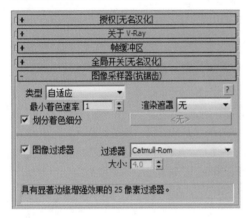

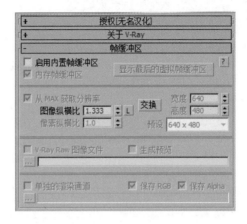

步骤03 在"图像采样器"卷展栏中设置抗锯齿类型及过滤器类型，如下图所示。

步骤04 在"颜色贴图"卷展栏下设置颜色贴图类型为"指数"，如下图所示。

步骤05 开启全局照明，设置二次引擎为灯光缓存，如下图所示。

步骤06 在"发光图"卷展栏下设置预设等级为低，再设置细分值，勾选"显示计算相位"、"显示直接光"复选框，如下图所示。

步骤07 在"灯光缓存"卷展栏中设置细分值，其余参数保持默认，如下图所示。

步骤08 在"系统"卷展栏下设置渲染块宽度、序列方式及动态内存限制值，如下图所示。

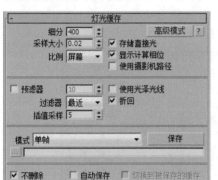

步骤09 渲染场景，测试效果如右图所示。从测试效果中可以看到，效果图中有较大的颗粒，场景物体缺乏质感。

8.5.2 高品质效果渲染

测试渲染效果满意以后，就可以着手进行最终效果的渲染了。用户可根据自身电脑的配置情况进行参数设置，以在渲染效果和渲染时间上取得最佳的平衡。具体操作步骤如下。

步骤01 重新设置图像输出尺寸，如右图所示。

步骤02 在"全局确定性蒙特卡洛"卷展栏中设置噪波阈值及最小采样，再勾选"时间独立"选项；在"颜色贴图"卷展栏中设置明亮倍增值，这样可以使场景稍稍提亮一些，如下图所示。

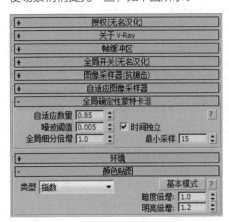

步骤03 在"发光图"卷展栏中设置预设级别及细分值等参数，如下图所示。

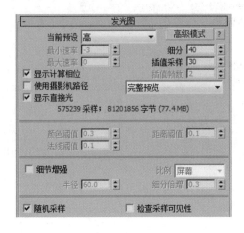

步骤04 在"灯光缓存"卷展栏中设置细分值，如下图所示。

步骤05 最后在"系统"卷展栏下设置渲染块宽度和动态内存限制值，如下图所示。

步骤06 重新渲染场景，效果如右图所示。

8.6 Photoshop后期处理

通过上面的制作，已经得到了成品图。由于受环境色的影响，图像的色彩不够鲜明，整体偏灰暗，这里就需要利用Photoshop软件对其进行调整，具体操作步骤如下。

步骤01 在Photoshop软件中打开效果图文件，如下图所示。

步骤02 可以看到整体场景偏暗，亮度不够，暗部细节不可见，这里需要调整明暗对比。执行"图像>调整>亮度/对比度"命令，打开"亮度/对比度"对话框，调整对比度参数，如下图所示。

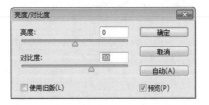

步骤03 调整对比度后的效果如下图所示。

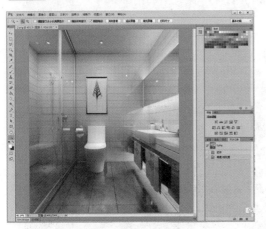

步骤04 此时整体场景仍然偏暗，再执行"图像>调整>曲线"命令，打开"曲线"对话框，调整曲线形状，如下图所示。

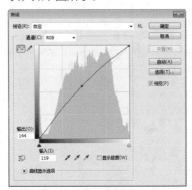

步骤05 调整曲线后的效果如右图所示。

步骤06 执行"图像＞调整＞色相/饱和度"命令，打开"色相/饱和度"对话框，调整黄色饱和度，如下图所示。

步骤07 调整饱和度后效果如下图所示。

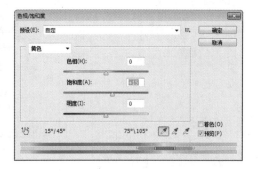

步骤08 最后要利用画笔工具为效果图添彩。单击画笔工具，选择合适的笔尖形状，如下图所示。

步骤09 调整画笔大小并设置前景色为白色，在画面中单击添加图案。至此，完成效果图的后期制作并将文件保存，最终效果如下图所示。

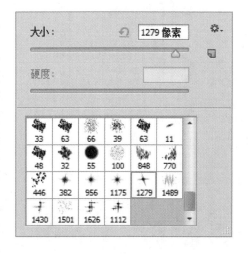

Chapter

09

黄昏效果表现实例

太阳在一天中的不同时刻有不同的照射效果，本案例表现的是黄昏时分的效果，时间大约为下午5点的样子。读者在日常生活中只要注意观察就会发现，黄昏时候的太阳本身颜色是从黄色到红色过渡，照射光线就是暖黄色，并且场景受光线颜色影响较大。通过本章的学习，用户可以掌握太阳光的制作技巧以及天光的表现方法。

知识要点

① VR物理摄影机的创建

② 主要材质的设置

③ 太阳光及天光的创建

④ 渲染设置

⑤ 后期处理

9.1 案例分析

　　本场景是一个通透的客厅空间，有较大的玻璃推拉门，光线可以很好地透过另一个房间照射过来。本场景表现的亮点是太阳光投射过来的阴影，明亮且柔和。

　　本场景中的黑色家具有纹理较强的，也有光滑且高反射的，在阳光的照射下，区分明显。下图所示为白膜效果和最终渲染效果。

9.2 创建摄影机及检查模型

　　本场景的模型及材质是制作好的，这里先要进行摄影机的创建并对模型进行检查，以便于后面的操作。

9.2.1 创建摄影机

　　摄影机的架设是效果图制作中很关键的一步，这关系到效果图制作过程中场景的观察以及最后效果图的美感。具体创建步骤如下。

步骤01 打开场景文件，如下图所示。

步骤02 在顶视图中创建一盏VR物理摄影机，如下图所示。

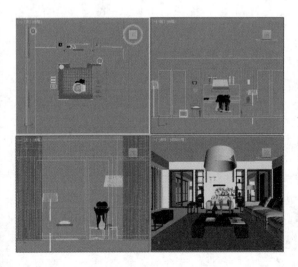
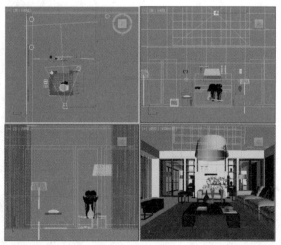

步骤03 调整摄影机高度，如下图所示。

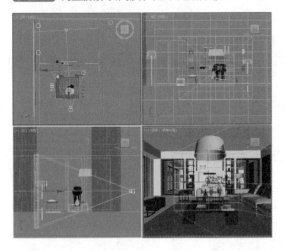

步骤04 设置VR物理摄影机参数，如下图所示。

步骤05 切换到透视视口，按键盘上的C键切换到摄影机视口，如下图所示。

步骤06 在摄影机视口中按Shift+F组合键，使摄影机视口以安全框尺寸显示，如下图所示。

9.2.2 检查模型

利用白模效果来检查模型，可以节省很多时间，下面介绍具体操作过程。

步骤01 按M键打开材质编辑器，选择一个空白材质球，设置为VRayMtl材质，为漫反射通道添加VR-边纹理贴图，然后设置漫反射颜色为白色，如右图所示。

步骤02 进入VRay边纹理参数设置面板，设置纹理颜色及像素值，如下图所示。

步骤04 创建好的材质球效果如下图所示。

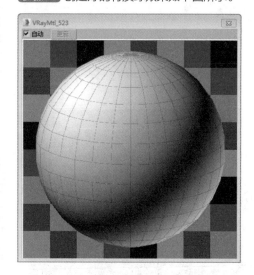

步骤06 设置图像输出尺寸，如下图所示。

步骤03 纹理颜色参数设置如下图所示。

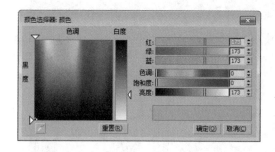

步骤05 按F10键打开"渲染设置"窗口，在"全局开关"卷展栏中勾选"覆盖材质"复选框，将材质编辑器中创建的材质拖动复制到当前面板，如下图所示。

步骤07 渲染摄影机视口，场景白模效果如下图所示，此时可观察效果图中是否有缺口或者漏缝处。

9.3 设置主要材质

材质的表现是建模中重要的环节，其通过光源表现质感，同时也可表现光线照射到物体上的效果。本章中的材质是已经设置好的，这里就对几个主要材质的设置进行介绍。

步骤01 设置乳胶漆材质。按M键打开材质编辑器，选择一个空白材质球，设置为VRayMtl材质，设置漫反射颜色为白色，其余设置保持默认，如下图所示。

步骤02 设置好的乳胶漆材质球如下图所示。

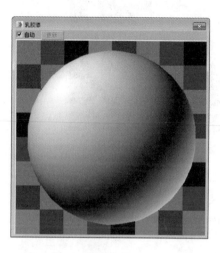

步骤03 设置地砖材质。选择一个空白材质球，设置为VRayMtl材质，为漫反射通道添加位图贴图，设置反射颜色及反射参数，如下图所示。

步骤04 反射颜色参数设置如下图所示。

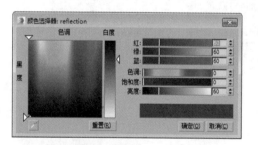

步骤05 漫反射通道添加的位图贴图如右图所示。

步骤06 设置好的地砖材质球如下图所示。

步骤08 进入材质1参数设置面板,在"贴图"卷展栏中为凹凸通道和置换通道添加相同的贴图,再设置凹凸值及置换值,其余参数保持默认,如下图所示。

步骤10 接下来进入材质2参数设置面板,仅设置漫反射颜色,其余设置同材质1,如下图所示。

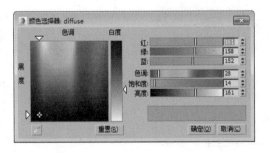

步骤07 设置地毯材质。选择一个空白材质球,设置为混合材质,材质1与材质2设置为VRayMtl材质,再为遮罩通道添加位图贴图,如下图所示。

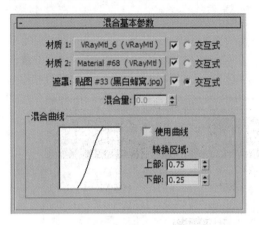

步骤09 为凹凸通道与置换通道添加的位图贴图如下图所示。

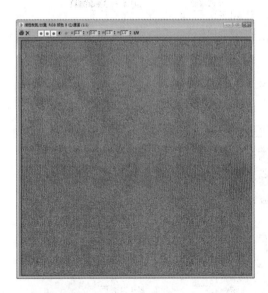

步骤11 返回到"混合基本参数"卷展栏,为遮罩通道添加的位图贴图如下图所示。

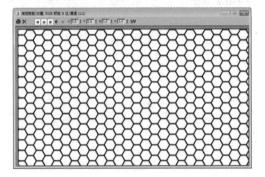

步骤12 设置推拉门黑色烤漆材质。选择一个空白材质球，设置为VRayMtl材质，设置漫反射颜色与反射颜色，再设置反射参数，如下图所示。

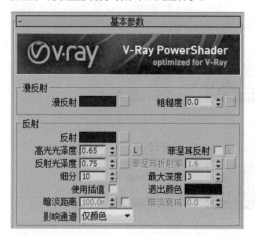

步骤14 设置好的黑色烤漆材质球如下图所示。

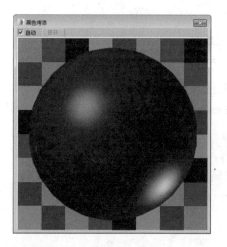

步骤13 漫反射颜色及反射颜色设置如下图所示。

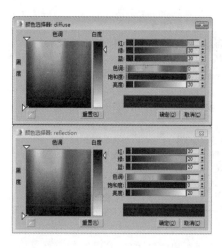

步骤15 设置推拉门玻璃材质。选择一个空白材质球，设置为VRayMtl材质，设置漫反射颜色、反射颜色及折射颜色都为白色，再设置反射参数与折射参数，如下图所示。

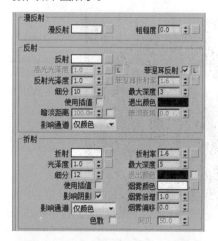

步骤16 设置好的玻璃材质球如右图所示。

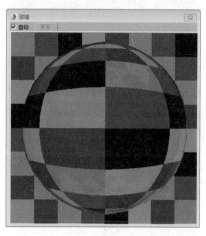

步骤17 设置黑色塑料材质。选择一个空白材质球，设置为VRayMtl材质，设置漫反射颜色与反射颜色，再设置反射参数，如下图所示。

步骤18 漫反射颜色与反射颜色设置如下图所示。

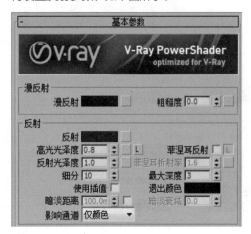

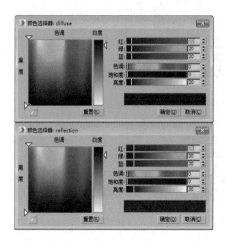

步骤19 设置好的黑色塑料材质球如下图所示。

步骤20 设置窗帘材质。选择一个空白材质球，设置为VRayMtl材质，设置漫反射颜色与折射颜色，再设置折射参数，如下图所示。

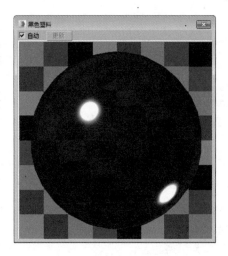

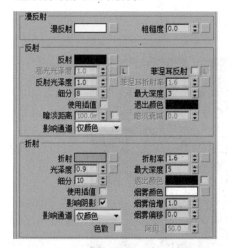

步骤21 漫反射颜色与折射颜色设置如右图所示。

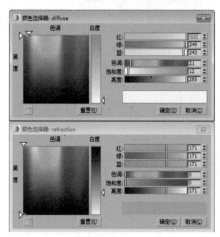

步骤22 设置好的窗帘材质球如下图所示。

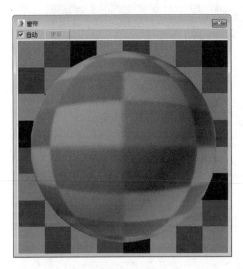

步骤23 设置黑色木纹材质。选择一个空白材质球，设置为VRayMtl材质，在"贴图"卷展栏中分别为漫反射通道和凹凸通道添加位图贴图，为反射通道添加衰减贴图，如下图所示。

步骤24 为漫反射通道添加的位图贴图如下图所示。

步骤25 为凹凸通道添加的位图贴图如下图所示。

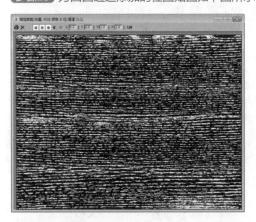

步骤26 进入衰减参数设置面板，设置衰减颜色，如右图所示。

步骤27 衰减颜色参数设置如下图所示。

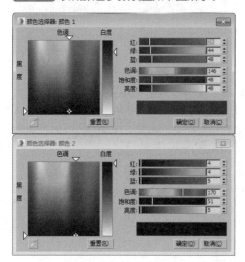

步骤28 返回到基本参数设置面板，设置反射参数，如下图所示。

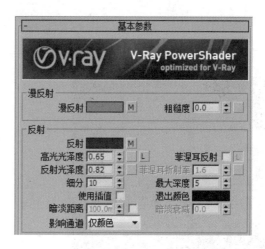

步骤29 最后为材质添加一个VR材质包裹器，设置接收全局照明值，如下图所示。

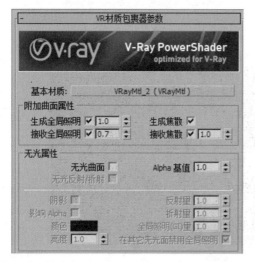

步骤30 设置好的黑色木纹材质球如下图所示。

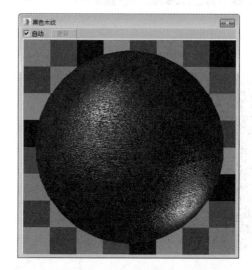

步骤31 设置沙发布材质。选择一个空白材质球，设置为VRayMtl材质，在"贴图"卷展栏中分别为漫反射通道添加衰减贴图，为凹凸通道添加位图贴图，并设置凹凸值，如右图所示。

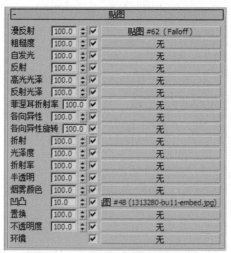

步骤32 讲入衰减参数设置面板，设置衰减颜色，如下图所示。

步骤33 衰减颜色参数设置如下图所示。

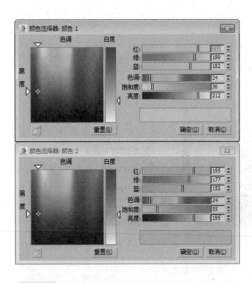

步骤34 为凹凸通道添加的位图贴图如下图所示。

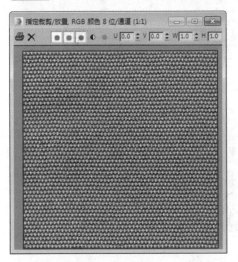

步骤35 设置好的沙发布材质球如下图所示。

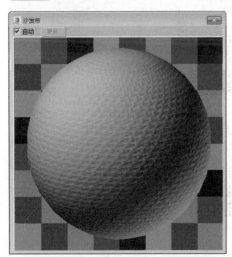

步骤36 设置灯罩材质。选择一个空白材质球，设置为VRayMtl材质，然后设置折射颜色及参数，如右图所示。

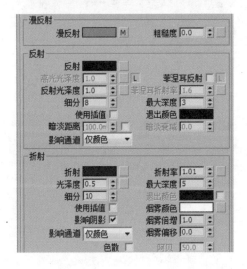

步骤37 折射颜色参数设置如下图所示。

步骤38 为漫反射通道添加衰减贴图，进入衰减参数设置面板，设置衰减颜色，如下图所示。

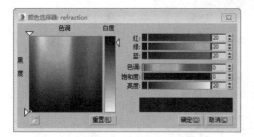

步骤39 衰减颜色参数设置如下图所示。

步骤40 设置好的灯罩材质球如下图所示。

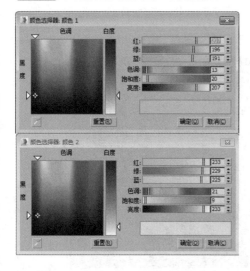

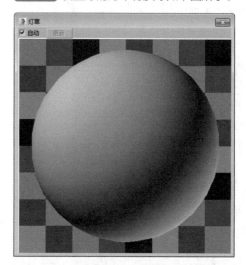

步骤41 设置灯罩玻璃材质。选择一个空白材质球，设置为VRayMtl材质，设置漫反射颜色为白色，再设置折射颜色及折射参数，如右图所示。

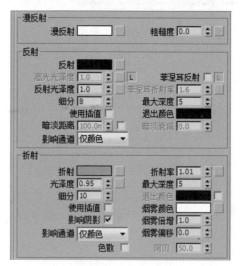

步骤42 折射颜色参数设置如下图所示。

步骤43 设置好的灯罩玻璃材质球如下图所示。

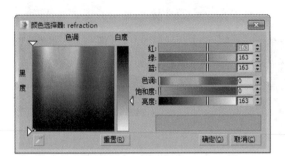

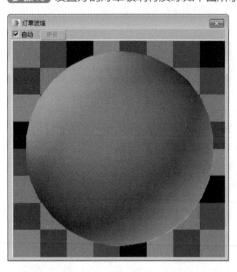

9.4 设置场景光源

本场景要表现的是黄昏时分的室内光源效果，主要光源就是太阳光、天光以及室内部分灯光。读者要了解一天当中不同时刻的太阳的光源颜色，才能准确地表达在效果图制作中。

9.4.1 设置室外太阳光源及天光

黄昏时刻的太阳光源是场景中的主要光源来源，是场景中的亮点。这里利用目标平行光结合VRay天光来进行太阳光源的塑造，具体操作步骤如下。

步骤01 在顶视图中创建一盏目标平行光，效果如下图所示。

步骤02 切换到其他视图调整灯光的位置及照射角度，如下图所示。

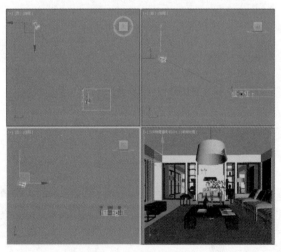

步骤03 开启阴影，然后设置平行光参数，如下图所示。

步骤04 观察场景，可以看到调整参数后的目标平行光的光线区域已完全将建筑模型笼罩其中，如下图所示。

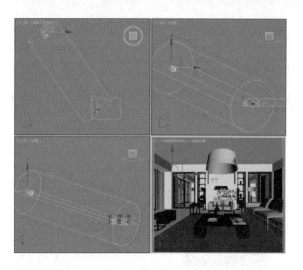

步骤05 在进行测试渲染之前，首先要对渲染器进行设置。按F10键打开"渲染设置"窗口，在"帧缓冲区"卷展栏下取消勾选"启用内置帧缓冲区"复选框，如下图所示。

步骤06 在"图像采样器"卷展栏中设置最小着色速率，再设置图像过滤器类型，如下图所示。

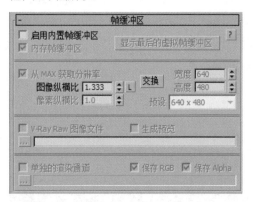

步骤07 在"颜色贴图"卷展栏中设置贴图类型为指数，如下图所示。

步骤08 启用全局照明，设置二次引擎为灯光缓存，在"发光图"卷展栏中设置预设级别、细分值及插值采样值，再勾选"显示计算相位"、"显示直接光"复选框，其余设置保持默认，如下图所示。

步骤09 在"灯光缓存"卷展栏中设置细分值，然后勾选"储存直接光"、"显示计算相位"复选框，如下图所示。

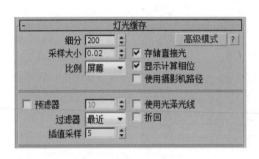

步骤10 渲染场景，观察当前目标平行光的照射效果，如下图所示。

步骤11 设置目标平行光的阴影类型为"VR-阴影"，再设置灯光强度为10，如下图所示。

步骤12 渲染场景，观察效果，如下图所示。

步骤13 增加灯光强度，再调整灯光颜色为橘黄色，如右图所示。

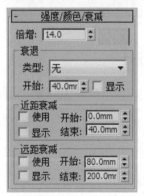

步骤14 渲染场景，场景变亮且白色墙面受太阳光影响而变成了暖黄色，如下图所示。

步骤15 最后要调整一下阴影参数。在"VRay阴影参数"卷展栏中设置偏移值，勾选"区域阴影"复选框，再设置区域阴影的球体参数，如下图所示。

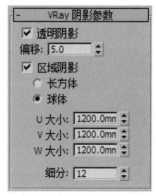

步骤16 将贴图实例复制到材质编辑器中的空白材质球上，其参数面板如下图所示。

步骤17 按数字键8打开"环境和效果"窗口，为背景添加"VR-天空"贴图，如下图所示。

步骤18 将贴图实例复制到材质编辑器中的空白材质球上，如下图所示。

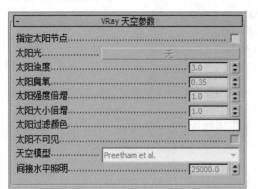

步骤19 勾选"指定太阳节点"复选框，选择目标平行光作为太阳光，如下图所示。

步骤20 渲染场景，效果如下图所示，原有的目标平行光照射效果被覆盖，并且室外天光变亮。

步骤22 再次渲染场景，效果如下图所示，此时太阳光呈现出暖黄色。

步骤24 渲染场景，此时可以看到场景光线变暗了，这样就比较符合黄昏时室内的太阳光光源效果，如右图所示。

步骤21 设置VRay天空参数，本案例要表现的是黄昏时分的太阳效果，因此这里要设置太阳浊度值，如下图所示。

步骤23 降低太阳强度倍增值并调整太阳大小倍增值，如下图所示。

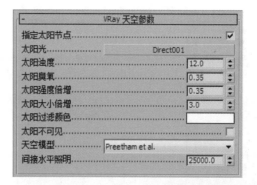

9.4.2 添加室外补光

　　目前场景中仅有室外太阳光光源照射，室内墙体及家具等都呈现出偏黄的颜色，且整体偏暗，这里就需要添加室外补光，对太阳光源颜色进行中和，并提亮室内亮度，下面介绍操作过程。

步骤01 创建VRay面光源，调整光源位置，如下图所示。

步骤02 保持VR灯光默认设置，渲染场景，效果如下图所示。

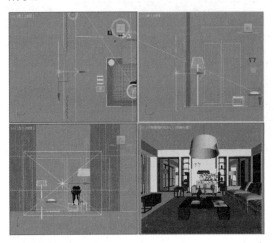

步骤03 降低灯光强度，调整灯光尺寸，再勾选"不可见"选项，如下图所示。

步骤04 渲染场景，效果如下图所示，可以看到场景变暗且偏暖黄色。

步骤05 设置灯光颜色为浅蓝色，再设置细分参数，如右图所示。

步骤06 灯光颜色参数设置如下图所示。

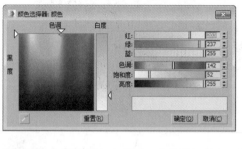

步骤07 渲染场景，效果如下图所示。

步骤08 实例复制灯光到另一个推拉门位置，如下图所示。

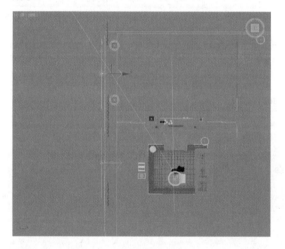

步骤09 再次渲染场景，效果如下图所示。

步骤10 复制灯光，如下图所示。

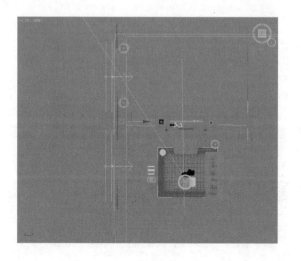

步骤11 调整灯光强度及颜色，再设置细分值，如下图所示。

步骤12 灯光颜色参数设置如下图所示。

步骤13 再次渲染场景，效果如下图所示。

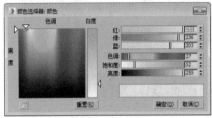

9.4.3 设置室内光源

本场景中的室内照明较少，除了吊灯和落地灯光源外，还可以适当添加补光，以营造出合适的氛围。下面介绍具体的操作步骤。

步骤01 在落地灯位置创建一盏VR球体灯光，调整到合适的位置，如下图所示。

步骤02 设置灯光强度、颜色、半径等参数，如下图所示。

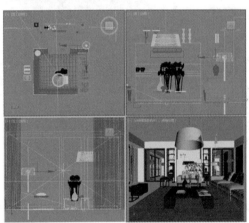

步骤03 渲染场景，观察一下落地灯的灯光效果，如右图所示。

步骤04 复制灯光到吊灯位置，如下图所示。

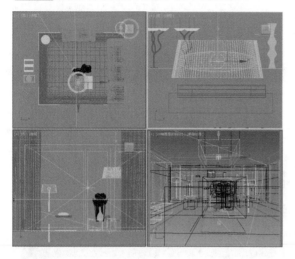

步骤05 调整灯光强度、半径等参数，如下图所示。

步骤06 利用缩放工具调整灯光形状，如下图所示。

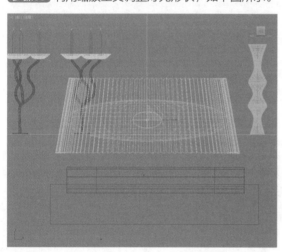

步骤07 渲染场景，效果如下图所示。

步骤08 创建VR面光，移动到合适的位置，如下图所示。

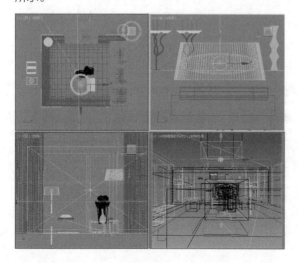

步骤09 继续调整灯光参数，如下图所示。

步骤10 利用旋转工具在前视图中调整灯光角度，如下图所示。

步骤11 渲染场景，效果如下图所示。

步骤12 创建目标灯光，然后调整角度及位置，如下图所示。

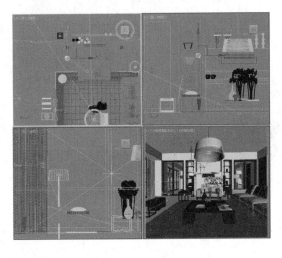

步骤13 为目标灯光开启"VR-阴影"，设置灯光类型为"光度学Web"并添加光域网文件，再设置灯光颜色及强度，如下图所示。

步骤14 渲染场景，效果如右图所示。

步骤15 再复制目标灯光，调整灯光角度及位置，如下图所示。

步骤16 渲染场景，效果如下图所示。

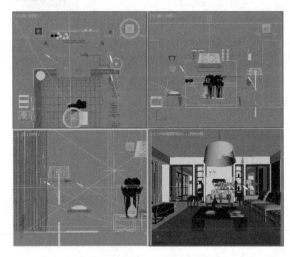

9.5 渲染设置

场景中的灯光环境已经全部布置完毕，下面就可以对灯光效果进行测试渲染，对不满意的灯光进行调整，最后进行高品质效果的渲染。

9.5.1 测试渲染

在测试渲染时，可以将"渲染设置"窗口中的参数设置得低一些，除此之外，用户也可以利用VRay边纹理材质替代场景中的所有材质，这样既不影响灯光效果，又可以加快渲染速度。测试渲染效果如下左图所示，白膜测试效果如下右图所示。

步骤01 按F10键打开"渲染设置"窗口，在"公用参数"卷展栏下设置输出尺寸大小，如下图所示。

步骤02 在"发光图"卷展栏下设置预设等级，如下图所示。

步骤03 在"灯光缓存"卷展栏中设置细分值，如下图所示。

步骤04 在"系统"卷展栏下设置渲染块宽度、序列方式及动态内存限制值，如下图所示。

步骤05 渲染场景，测试效果如下图所示。

步骤06 在"全局开关"卷展栏中勾选"覆盖材质"选项，隐藏玻璃模型，再次进行渲染，观察线框效果图，如下图所示。

9.5.2 高品质效果渲染

测试渲染效果满意以后，就可以着手进行最终效果的渲染了。用户可根据自身电脑的配置情况进行参数设置，以在渲染效果和渲染时间上取得最佳平衡。具体操作步骤如下。

步骤01 重新设置图像输出尺寸，如下图所示。

步骤02 在"全局确定性蒙特卡洛"卷展栏中设置噪波阈值及最小采样，再勾选"时间独立"复选框，如下图所示。

步骤03 在"发光图"卷展栏中设置预设级别及细分值等参数，如下图所示。

步骤04 在"灯光缓存"卷展栏中设置细分值，如下图所示。

步骤05 最后在"系统"卷展栏下设置渲染块宽度和动态内存限制值，如右图所示。

步骤06 重新渲染场景，效果如右图所示。

9.6 Photoshop后期处理

　　通过上面的制作，已经得到了成品图。由于受环境色的影响，图像的色彩不够鲜明，整体偏灰暗，这里就需要利用Photoshop软件对其进行调整，具体操作步骤如下。

步骤01 在Photoshop软件中打开效果图文件，如下图所示。

步骤02 执行"图像 > 调整 > 亮度/对比度"命令，打开"亮度/对比度"对话框，调整亮度及对比度参数，如下图所示。

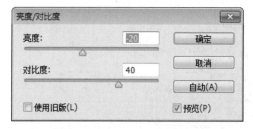

步骤03 调整后效果如右图所示。

步骤04 整体场景仍然偏暗，再执行"图像＞调整＞曲线"命令，打开"曲线"对话框，调整曲线形状，如下图所示。

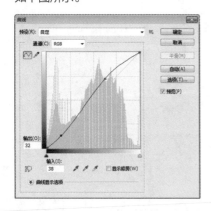

步骤05 调整曲线后效果如下图所示。

步骤06 执行"图像＞调整＞色相/饱和度"命令，打开"色相/饱和度"对话框，调整黄色的饱和度，如下图所示。

步骤07 调整后效果如下图所示。

步骤08 按Ctrl+J组合键，复制图层，如下图所示。

步骤09 调整图层1的不透明度，并设置图层混合模式为正片叠底，如下图所示，得到效果图最终效果。

Appendix

附 录

课后练习参考答案

Chapter 01

一、选择题

1. C　　2. A　　3. C　　4. C　　5. B

二、填空题

1. 4

2. M　N　F5

3. 导入CAD图纸　灯光和摄像机　渲染　后期处理

Chapter 02

一、选择题

1. D　　2. C　　3. D　　4. C

二、填空题

1. 目标聚光灯　目标平行灯光　泛光灯

2. 泛光灯　聚光灯

3. 灯光

4. 摄像机

Chapter 03

一、选择题

1. A　　2. B　　3. C　　4. D　　5. A

二、填空题

1. 泛光灯　聚光灯

2. 室内灯光　太阳光　天光

3. 聚光灯

4. 泛光灯

5. 8种

Chapter 04

一、选择题

1. B　　2. D　　3. A　　4. D

二、填空题

1. 快照　43.456mm

2. FOV和Lens

3. 以目标点为基准

4. 摄像机动画效果　镜头聚焦效果

Chapter 05

一、选择题

1. B　　2. B　　3. B　　4. C　　5. A

二、填空题

1. F9　Shift+Q

2. 渲染场景　快速渲染

3. Single

4. 所选视图

5. 前视图